AMV

Kathrin Rüegg

Kleine Welt im Tessin

Zehnte Auflage

Albert Müller Verlag
Rüschlikon-Zürich
Stuttgart · Wien

Weitere Bücher von Kathrin Rüegg:

Dies ist mein Tal — dies ist mein Dorf

Mit herzlichen Tessiner Grüßen

Nach jedem Winter kommt ein Sommer

Von Lämmern und Leuten in Froda

Sechsundvierzigstes bis fünfundfünfzigstes Tausend 1979

ISBN 3 275 005715. — Printed in Switzerland.

Für Michelangelo.
Ohne ihn würde der Monte Valdo
auch heute schlafen.
So schlummert er nur noch.

Alle beschriebenen Orte und Personen existieren, doch wurden ihre Namen zum Teil verändert. Susi Stäubli, Bimbo Seidenglanz, Grano und Bona heißen wirklich so.

Kapitelfolge

Vorspiel

Es beginnt mit einem Schlußstrich

Am dreißigsten April neunzehnhunderteinundsiebzig, abends um zehn Uhr vierundzwanzig, beschloß ich, mein Leben zu ändern.

Ich war einundvierzig Jahre alt, ledig, gesund, etwas zu dick, hatte eine Manie, alles in genaue Zahlen oder Listen zu fassen, ließ mir meine Haare rotblond färben und galt mit meinem stadtbekannten Einrichtungsgeschäft als gut verdienende Karrierefrau.

Aber ich hatte genug.

«Genug haben» hat zwei ganz verschiedene Bedeutungen, je nachdem man das erste oder das zweite Wort betont.

Ich hatte *genug* von der Hetze nach mehr und mehr Geld. Immer höhere Mietzinsen, die steigenden Löhne für meine sechs Angestellten und meine jedes Jahr luxuriöser werdende Lebenshaltung zwangen mich zu bald unerträglichen Arbeitsleistungen.

Ich hatte auch genug von verstopften Autostraßen, überfüllten Parkplätzen, zu rasch eingenommenen Mahlzeiten in verrauchten Restaurants, von nach Benzin und Öl stinkender Luft, von hastenden Menschen und zuckenden Leuchtreklamen.

So setzte ich mich an jenem Abend hin und notierte

mir auf einem Zettelchen, worauf ich eigentlich verzichten könnte. Das Zettelchen habe ich immer noch, und die einzelnen Punkte stimmen auch heute. Ich kann entbehren:

- Leben in der Stadt im allgemeinen
- Elegante Kleider
- Friseur
- Kosmetiksalon
- Teures Auto
- Flugreisen
- Hotelferien
- Reiten und Skifahren
- Kino

Wenn ich ganz einfach lebte, hatte ich genug finanzielle Mittel, um meinen Traum zu verwirklichen. Seit mehr als einem Jahr besaß ich einen kostbaren Schatz, der darauf wartete, daß ich ihn endlich hebe – den Monte Valdo!

Kein Haus zu verkaufen — oder doch?

Eigentlich sollte ich es niemandem verraten: Ferien im Acquaverde-Tal sind zu jeder Jahreszeit ein ganz einmaliges Erlebnis.

Seit acht Jahren floh ich bei jeder Gelegenheit aus der Stadt nach Froda, in mein Tessiner Dorf. Alle sechsundzwanzig Einwohner kannten mich so gut, daß sie mich «er Caterina» – die Kathrin – nannten. Ich wußte von den meisten nur den Vornamen und lernte an langen Winterabenden am Kaminfeuer ihre Lebensgeschichten kennen.

Seit etlichen Jahren schon wollte ich irgendwo in der Gegend eines der alten Häuser kaufen. Aber das ist gar nicht so einfach. Wohl sind viele Dörfer halb ausgestorben, weil ihre Bewohner vor zwanzig, dreißig und noch mehr Jahren nach Übersee auswanderten, doch die Besitzer der alten Gebäude ausfindig zu machen, ist enorm schwierig. Durch Erbteilungen gehören zum Beispiel die Küche und das Wohnzimmer eines Hauses der Giuseppina in Pasadena, der Keller dem Rico in Montevideo und die Schlafzimmer dem Silvio. Er lebt hier im Dorf und möchte seinen Hausanteil gerne verkaufen.

Nach zwei Jahren vergeblicher Suche dachte ich kaum mehr an meine Pläne.

In der Stadt tobte der Karneval. Ich verzog mich nach Froda. Dort wohne ich stets bei Maria, die ein paar Fremdenzimmer vermietet und Wintergäste am liebsten sieht. Die bringen gefundenes Geld, denn im Sommer ist ohnehin jedes Bett im Tal besetzt.

«Du hast Besuch», rief sie mich schon früh am ersten Morgen. «Guido will dich sprechen.»

Guido war in jungen Jahren Holzfäller, wanderte nach Amerika aus und machte dort ein kleines Vermögen. Nach Froda heimgekehrt, bezog er eine Versicherungsrente und vertrat eine Bierbrauerei. Er war wortkarg, hatte krauses Grauhaar und wachsame, ein bißchen mißtrauische Augen. Seine im ganzen Dorf bekannte Vorliebe für Geheimnistuerei machte ihn oft unbeliebt. Wir zwei kamen gut miteinander aus, weil ich ihm seine Geheimnisse ließ und nicht viel fragte.

«Du mußt gute Schuhe und alte Kleider anziehen und mitkommen. Ich habe eine Überraschung für dich.» Ich gehorchte. Maria schalt mich, weil ich fortging, ohne den Frühstückskaffee auszutrinken.

Wir bestiegen «la mia Peschù», wie Guido seinen klapprigen Peugeot stets zärtlich nannte, und fuhren talabwärts. In San Michele zweigten wir wieder gegen den Hang ab, durchquerten ein paar Dörfchen. Das Auto keuchte über ein kleines Sträßlein unzähligen Kurven entlang durch einen immer dichter werdenden Kastanienwald aufwärts, aufwärts, aufwärts – fast bis in den Himmel.

Wir überquerten die Brücke des Valle della Colera – des Choleratals – und langten bald auf einer kleinen Ebene an. Dort bog Guido von der Straße ab und hieß mich aussteigen. Er drückte mir ein sichelartiges, schweres Messer – eine Falce – in die Hand und stapfte über einen kaum erkennbaren Fußweg durch raschelndes, hellbraunes Laub schräg abwärts in den Wald. Es standen Kastanien darin, so dick, daß drei, vier erwachsene Personen nötig gewesen wären, um ihren Stamm zu umarmen. Die Bäume waren teilweise hohl und hätten spielenden Kindern herrliche Verstecke für spannende Indianerkämpfe geboten.

Der Weg wandte sich in einer scharfen Kurve zurück in die Richtung gegen das Valle della Colera, ging zweioder dreihundert Meter fast geradeaus dem Hang entlang. Unter mir sah ich durch die Baumstämme die grauen Granitdächer einiger Häuser schimmern.

Unser Pfad wurde steinig, links stiegen mächtige Felsbrocken auf. Wir gingen im Zickzack abwärts und schließlich auf einem letzten, wiederum waagrechten Stück geradewegs auf die Häuser zu.

Meine geheime Hoffnung schien sich zu erfüllen. Guido brachte mich zu einem verkäuflichen Haus. Aber ich mußte meine Ungeduld noch eine ganze Weile zügeln. Der letzte Wegrest war zugewachsen mit einem gut zwei Meter hohen Gewirr von Brombeerranken und Ginster. Ginsterholz ist entsetzlich zäh, und trockene Brombeerdornen stechen grausam. Wir schlugen mit unseren Falci einen Durchgang und gelangten mit zerrissenen Kleidern und zerrauften Haaren auf einen kleinen, von vier Gebäuden umgebenen Platz.

Guido stieg über ein Treppchen zur Türe des Hauses, das die Jahrzahl 1794 trug. Er begann, die aus ungemörtelten Steinen gefügte Mauer abzutasten.

«Rechts von der Türe in der Mauer gegen Bellinzona, hat sie gesagt», murmelte er. Er zog hie und da ein Steinchen aus der Mauer. Nach einigem Suchen hielt er mir einen riesengroßen, rostigen Schlüssel unter die Nase.

«Ecco, da wäre er.»

Er steckte ihn ins Schloß und drehte ihn mit einiger Kraftanstrengung. Dann mußte er einen Bolzen lösen und einen fast halbmeterlangen, dicken Eisenriegel zurückziehen. Erst jetzt ließ sich die Türe aufstoßen. Sie knarrte und knirschte.

An der gegenüberliegenden Wand des großen Raumes war ein Kamin. Eine Kette hing darin. Es standen zwei rußige Polentapfannen da, vier oder fünf Zoccoli lagen herum und eine vergilbte Zeitung mit dem Datum 29. September 1928. In einem Winkel standen zwei mit Heu gefüllte Betten.

Mehr konnte ich nicht erkennen, denn Decke und Wände waren schwarz von Ruß und Alter. Die Fenster waren mit Spinnweben so dicht verhüllt, daß eigentlich nur die offene Türe Licht spendete.

Guido kramte, während ich mich umschaute, in einer Ecke herum und hielt schließlich einen ganzen Bund dieser großen Schlüssel in der Hand.

«Nem – komm!»

Ich sagte nichts, ging nur folgsam hinter ihm drein und staunte.

Im untern Haus gab es ebenfalls einen Raum mit Kamin, hübsche kleine Nischen in den Mauern, eine lange, dunkle Truhe, ein sehr breites und sehr kurzes Bett aus dicken Holzbohlen. Oben war ein Heuboden, den man wegen der Hanglage des Hauses von außen ebenerdig betreten konnte, unten ein schöner, gewölbter Keller, in dem Fässer in Reih und Glied standen.

Im gegenüberliegenden, langgestreckten Haus war wieder ein solcher Keller, im oberen Geschoß fanden sich zwei Räume. Die Bodenbretter des Dachstocks hatten Löcher. Wir wagten nicht, ihn zu betreten. Schade, hier war auch das Dach nicht mehr dicht.

Das vierte Gebäude war ein geräumiger Stall, zu dessen Heuboden eine Außentreppe führte.

Welches Haus war hier wohl verkäuflich? Jedes hatte seinen besonderen Reiz. Ich wußte gar nicht, für welches ich mich entscheiden würde, hätte ich die Wahl.

Am schönsten wäre es, wenn man gleich das ganze Weilerchen kaufen könnte. Welch herrliche Feriensiedlung für stadtmüde Menschen würde das geben!

«Und jetzt mußt du das noch anschauen», wies mich

Guido an. Er machte mit der Hand eine umfassende Bewegung über die ganze Gegend.

Da staunte ich noch mehr. Vor lauter Kampf mit dem Gestrüpp und Neugier auf die Häuser hatte ich die Aussicht überhaupt nicht beachtet. Und dabei war sie einfach umwerfend.

Wir waren auf einer Bergterrasse gegenüber dem Monte Ceneri. Links sah ich durch die nackten Baumstämme weit unten die Burgen und Mauern von Bellinzona, rechts den Lago Maggiore. Die Spitzen der gegenüberliegenden Berge waren mit Schnee überzuckert. Die Abhänge leuchteten in der Februarsonne hellbraun und grau. Dort, wo die Sonnenstrahlen nicht hintrafen, lagen dunkelblaue Schatten.

Die vier Häuser kuschelten sich in die Ecke einer großen Wiese. Deren stufenförmige Anlage ließ erraten, daß hier einst ein Weinberg gewesen war. Jetzt war alles bedeckt mit honigfarbigem, dürrem Farnkraut.

Wir setzten uns auf die Treppe zum Heuboden des Stalles.

«So, jetzt hast du's gesehen», sagte Guido. «Möchtest du es kaufen?»

«Was?» fragte ich. «Welches Haus ist denn zu haben?»

Guido machte nochmals eine sehr umfassende Gebärde und zählte auf: «Die vier Gebäude, fünfzehntausend Quadratmeter Weinberg und fünftausend Quadratmeter Kastanienwald.»

Ich schluckte leer und schloß die Augen. Quadratmeter und Häuser und Ställe und Schlüssel und Zoccoli und Polentapfannen wirbelten in meinem Kopf herum.

Das war viel zu schön. Aber eigentlich brauchte ich nur ein Haus, nicht vier, und überhaupt – das würde ich nie bezahlen können.

«Wieviel?» Das kam sehr zaghaft.

«Zehntausendneunhundert Franken. Die neunhundert kannst du noch abmarkten. Sie sind dafür eingebaut.»

Ich schluckte nochmals und brauchte einige Zeit, um mich zu fassen.

«Aber wieso ist das denn so billig? Würde man diese Häuser heute mit so schönen Bruchsteinmauern bauen und mit Steinplatten decken, die zehnfache Summe würde nicht ausreichen.»

«Typisch Frau», brummte Guido, «sieht die Nachteile nicht.» An seinen klobigen Fingern zählte er auf:

«Erstens hat das Dorf keine Autozufahrt. Eine Straße zu bauen, wäre in dem steilen Gelände sehr teuer, obschon sie nur etwa sechshundert Meter lang sein müßte. Zweitens hat es keinen elektrischen Strom.

Und drittens – und das ist der größte Haken – hat es kein Wasser. Da war eine Quelle, aber der Brunnen ist vor mehr als fünfzig Jahren versiegt. Der damalige Besitzer baute sich dann diese Wasserzisterne, die durch das von den Dächern abfließende Regenwasser gespeist wurde.»

Er deutete auf ein gemauertes Viereck neben dem Stall, etwa vier Meter lang und drei Meter breit. Der unten angebaute Brunnentrog ließ vermuten, daß es gut zwei Meter tief war. Dann hätten also etwa zwanzig Kubikmeter Regenwasser darin Platz.

Guido erläuterte weiter:

«Zum Tränken des Viehs und zum Bewässern des Weinbergs genügte das. Und das Trinkwasser? Ich weiß nicht. Wahrscheinlich tranken sie eben Wein.»

Wir schwiegen ein Weilchen. Die Sonne schien warm auf mein kleines Paradies. Ich schaute auf den Wald unter mir. Es waren nicht nur Kastanienbäume da, auch Eichen, Linden, Nußbäume und Birken. Mitten im Weinberg standen ein Apfel-, ein Feigen- und zwei Kirschbäume.

Unterhalb des Stalles, dort, wo der Misthaufen war, würde ich den Garten anlegen.

Ich sah Ziegen grasen und hörte Hühner gackern. Ich sah auch blaue Trauben unter rotem und gelbem Weinlaub, braungebrannte Feriengäste, die sich wohlig unter bunten Sonnenschirmen räkelten.

Wie lange unser Schweigen dauerte, weiß ich nicht. Ich wußte damals auch nicht, wie sehr sich mein Leben durch meinen Entscheid ändern würde. Aber ich hatte mich entschlossen.

«Ich kauf's», sagte ich. «Und ich bezahle die gesamten zehntausendneunhundert Franken. Soviel ist es mir wert.»

Damals wußte ich noch nicht, wieviel neunhundert Franken wert sein können.

Beim Abschluß des Kaufvertrages mit Guido und seiner Schwester, die das Gut von ihrem Onkel Delio in Amerika geerbt hatten, erfuhr ich den Namen meines Dorfes: «Monte Valdo».

Hexenzauber?

Bald waren meine Ferientage vorbei. Ich kehrte zurück in die Stadt, flog nach Frankfurt an die Frühjahrsmesse, nach Paris an den Salon des Ateliers d'Art und an die Möbelmesse. Ich erhielt den Auftrag zur Einrichtung der Räumlichkeiten eines Golfklubs, dann eines Hotels in Klosters und schließlich eines Hotels in Locarno.

Mein Weilerchen schlief unterdessen weiter. Es wurde Spätherbst, bis ich mit Silvia nach dem Monte Valdo fahren konnte. Silvia war in Froda eine Art Dorfhexe, die aus der Hand lesen, mit dem Pendel verlorene Dinge suchen und mit der Rute verborgene Wasserströme feststellen konnte. Warum sollte sie nicht meine versiegte Quelle finden?

Silvia schnitt ihre Rute von einem Haselstrauch: eine Astgabel. Das unverzweigte Stück war etwa zwanzig, die vergabelten Enden etwa dreißig Zentimeter lang.

Geheimnisvoll sah das aus, wie die alte Frau mit dem tief über das Gesicht gezogenen Kopftuch über die Weinberg-Wiese ging, einen Fuß ganz nah vor den andern setzend. Sie hielt die Rute mit nach oben gekehrten Handflächen an den beiden Gabeln, das unverzweigte Stück ragte waagrecht geradeaus. Nachdem sie ein gutes Drittel der Wiese überquert hatte, senkte sich die Rutenspitze, wie von einem unsichtbaren Faden gezogen, nach unten. Silvia ging im gleichen Schritt weiter. Die Rute hob sich wieder, ging nach einem weiteren Meter wieder nach unten, hob sich wieder, im ganzen viermal.

«Hier hast du vier Wasserstränge für deinen Brunnen!» rief sie, «oder ich fresse den Besen, auf dem ich jeweils um Mitternacht durch den Kamin hinausfahre.»

In gerader Richtung unterhalb von Silvias Standplatz wuchs eine Kopfweide. Diese Bäume gedeihen meist an Bachufern. Offenbar war an Silvias Zauber doch etwas dran. Ich war aber sehr skeptisch.

«Und wie tief unten fließt das Wasser denn?»

«Das kann ich dir nicht sagen. Da mußt du schon selbst nachsehen.»

Wir gingen den Wasseradern entlang bergauf bis zum höchsten Punkt meines Grundstücks. Ich schlug Silvia den Weg mit der Falce frei. Hier oben, im Kastanienwald, mußte ich graben. Das Gefälle gab dann genügend Druck für meine Wasserleitung.

Wir markierten jeden Wasserstrang mit einem Haselast.

«Du mußt quer zum Hang von der ersten bis zur vierten Markierung einen Graben machen und in der Mitte einen Längsgraben für den Abfluß, also ein T», erklärte mir Silvia.

Entlang der Autostraße war mir ein anderer langer Graben aufgefallen. Guido sagte mir dann, daß die Gemeinde Sassariente, zu der auch der Monte Valdo gehört, hier eine neue Wasserleitung baue.

Es schien mir einfacher, meine Wasserversorgung derjenigen der Gemeinde anzuschließen. Und so vergaß ich meine unterirdisch fließende Wasserader wieder.

Nun mußte ich für die Baubewilligung meine Baupläne einreichen.

Ganz einfach ist es nicht

Es war leicht, einen Architekten zu finden, der alle meine Wunschträume schön aufs Papier zeichnete:

Das Haus mit der Jahrzahl und der Stall sollten durch einen Korridor miteinander verbunden werden. Im Stall war Platz für eine Wohnküche und ein Badezimmer. Im Heuboden obendran sah ich vor meinem geistigen Auge bereits das schönste Schlafzimmer des Jahrhunderts. Das Wohnzimmer und ein weiteres Schlafzimmer waren im alten Hausteil. Die Leute würden sich darum reißen, mein Ferienhaus Nummer eins zu mieten!

Im untern Haus mußte ich vom Wohnzimmer zum Heuboden, der ein Schlafzimmer mit Dusche wurde, eine Innentreppe einbauen lassen. Im Kellergewölbe ergab sich eine wunderschöne Küche mit Eßzimmer, wenn ich ein Fenster aus der dicken Außenmauer brechen ließ. Das wäre das etwas kleinere Ferienhaus Nummer zwei.

Im Keller des langen Hauses war Platz für eine Waschküche, im Parterre für eine Verwalterwohnung, im Dachstock sollte meine eigene kleine Wohnung sein.

Für die Stromerzeugung gab es schließlich Generatoren.

Und mitten im Weinberg mußte ein Schwimmbad entstehen!

So weit würden meine Finanzen reichen. Nachher konnte ich aus den Mietzinsen und dem Ertrag des Gartens leben.

Prachtvoll sah das alles aus.

Aber die Baubewilligung ließ auf sich warten, und

ich fand keine Baufirma, die die Arbeit übernehmen wollte.

«Der weite Weg ist zu umständlich», sagten alle. «Man müßte von der Straße aus eine Seilbahn für den Warentransport bauen.» Dazu brauchte man eine Schneise durch den Wald. Ich wollte aber diese unberührte Wildnis nicht verschandeln.

Es gab noch die Möglichkeit des Helikoptertransportes. Ein Helikopter, der achthundert Kilogramm Material transportierte, kostete pro Flugminute dreißig Franken. Der Flugplatz war so nahe, eigentlich direkt unter dem Monte Valdo, daß ein Hin- und Rückflug nur vier Minuten dauern würde, also einhundertzwanzig Franken kostete. Gar nicht viel. Aber man brauchte zwei Männer, die auf dem Flugplatz die Beladung besorgten, und zwei andere, die oben für das Abladen bereitstanden.

Woher nahm ich die?

Es gab nur eine Lösung: ich mußte den Umbau selbst leiten und möglichst viele Arbeiten selbst ausführen.

So weit war ich an jenem dreißigsten April.

Ich beschloß damals nicht nur, mein bisheriges Leben zu ändern. Ich wußte auch, daß ich mich nochmals auf die Schulbank – und zwar auf eine harte Schulbank – setzen mußte, um gleich verschiedene Bauberufe wenigstens einigermaßen zu erlernen.

Noch am gleichen Abend schrieb ich den Kündigungsbrief für meine Geschäftsräumlichkeiten. Meinen Angestellten mußte ich meine Absichten mündlich mitteilen.

Dann schrieb ich an Marco in Froda. Marco ist Baumeister. Ich fragte ihn, ob er mich während eines halben Jahres als Volontärin beschäftigen könne. Ich würde keinen Lohn verlangen und natürlich meine Versicherung selbst bezahlen.

Die Liquidation meines Geschäftes war einfach. Jedes Stück, das wegging, rechnete ich um in Zementsäcke, in Bodenbretter, in Betonkies, in Helikopter-Flugminuten, in eine Woche Lebensunterhalt.

Marcos Antwort kam erst nach drei Wochen:

«Liebe Caterina,

Wenn es unbedingt sein muß und wenn es mich nichts kostet, dann komm. Aber einer Frau bezahle ich nichts. Du wirst sehen, die Arbeit ist viel zu schwer.

Tanti saluti. Marco»

Kathrin mit der Maurerkelle

Am Morgen des einunddreißigsten Juli gab ich die Schlüssel meines Geschäftes ab. Am ersten August um null sieben null Uhr trat ich meine Stelle bei Marco an. Der Bauplatz lag etwas oberhalb von San Michele.

Meine beiden Kollegen begrüßten mich mit hartem Händedruck. Gildo hatte rotes Kraushaar, ein kugelrundes, liebes Gesicht und eine kugelrunde Gestalt. Er schaute aus wie ein lieber Seehund und war stark wie ein Bär. Luigi war ebenfalls rothaarig, aber feingliedrig. Mit seiner Brille hätte ich in ihm eher einen Bankangestellten als einen Maurer vermutet. Aber niemand konnte flinker mit der Schaufel umgehen, schönere Mauern machen als er. Am Sonntag spielte er in der Kirche von Froda die Orgel.

Ich lernte, wie man Beton, Feinbeton, Mörtel und Abrieb mischt, wie man Waagscheit, Lot und Richtschnur braucht, theoretisch auch, wie man mit Bruchsteinen mauert. Ich fürchte aber, für letzteres habe ich nicht viel Talent. Meine Lehrmeister zeigten mir unzählige Male, wie man auf die Äderung der Steine achten muß, um sie zurechtzuhauen. Natürlich brachten sie mir auch den uralten Maurerwitz bei. Wenn ich mühsam immer und immer wieder auf denselben Stein schlug, daß die Funken sprühten, rief einer: «Wen willst du heute in Stein meißeln, die Madonna oder den San Giovanni?»

Dafür hatte ich bald den Schwung heraus, den es braucht, um Verputz an die Wand zu befördern. Weil ich die Maurerkelle immer verlegte, gewöhnte ich mir an, sie in die Gesäßtasche zu stecken. Damit hatte ich auch meinen Übernamen: die Kathrin mit der Maurerkelle.

Die ermüdendste Arbeit war es, fertige Betonmischung zu schaufeln. Ich lernte dabei Muskeln in meinem Rücken kennen, von deren Existenz ich während einundvierzig Jahren keine Ahnung gehabt hatte.

Es machte mir Spaß, die Betonmaschine zu bedienen. Mir zu Ehren tauften sie die Maschine «Caterina die Zweite».

Ein Lastwagen brachte pro Mal vier Kubikmeter Betonkies. Die Maschine mischte jeweils Beton für drei Schubkarrenladungen. Pro Schubkarren hatte ich zwei

Schaufeln Zement hinzuzufügen. Ein Sack Zement enthält zwölf Schaufeln voll.

Bang fragte ich mich, wie ich auf dem Monte Valdo die Betonunterlage für das Schwimmbad erstellen würde.

Ich bekam auch Unterricht, wie man einen Sack Zement trägt. Man muß ihn liebevoll über die Schulter legen, etwa wie ein halbjähriges Kindlein. Nur daß halbjährige Kindlein nicht fünfzig Kilogramm schwer sind. Nach einem Gang über schwankende Bretter in die Baubaracke gab ich dieses Experiment auf.

«Tu das lieber nicht mehr», sagte Gildo, «davon wirst du zu schnell alt.»

Neues Monte-Valdo-Problem: ich brauchte jemanden, der einen Sack Zement tragen konnte. Was nützte mein schönes theoretisches Wissen, wenn mir die nötige Muskelkraft fehlte?

Am Ende meines zweiten Volontärmonats überreichte mir Marco einen Briefumschlag.

«Dein Lohn», sagte er trocken. «Schlechten Handlangern zahle ich sechs Franken pro Stunde, guten acht. Hier drin sind acht Franken für jede Stunde deiner Arbeit. Ich bin sehr zufrieden mit dir.»

Ich war gerührt und ganz unbändig stolz. Zur Feier des Tages lud ich Gildo und Luigi zu einem Trunk ein. Seltsam, welch kleine Ursachen große Wirkungen haben können. Denn in der Trattoria von San Michele fand ich Michelangelo.

Michelangelo

Er war total betrunken und saß mit weit nach hinten geschobenem Stuhl am Wirtshaustisch. Den von lockigen, dunkeln Haaren und einem struppigen Bart umrahmten Kopf hatte er auf die linke Hand gestützt. Seine braunen Augen waren blutunterlaufen.

«Michelangelo schaut wieder einmal aus wie ein besoffener Wilhelm Tell», bemerkte Gildo.

Ein paar Trinkkumpane amüsierten sich über ihn. Die Kellnerin hatte offenbar den Auftrag, sein leergetrunkenes Schnapsglas sofort wieder durch ein volles zu ersetzen. Sie tat es oft.

Ich verabschiedete mich nach einer Weile von meinen beiden Kollegen, ging auf den Betrunkenen zu und befahl ihm mitzukommen.

Woher ich diese Idee und den Mut zu ihrer Ausführung hatte, weiß ich nicht. Aber der arme Kerl tat mir leid.

«Sì, S'nora», sagte er folgsam, erhob sich und stolperte hinter mir drein, sich an Tischen und Stuhllehnen, am Türrahmen und schließlich am Auto festhaltend. Die zechenden Männer brachen nach einer kurzen, betretenen Pause in ein schallendes Gelächter aus und grölten hinter uns drein: «Che bella coppia! – Welch schönes Paar.»

Das waren wir auch. Ich in verwaschenen, schlotternden Blue jeans, einem Pullover in undefinierbarer Farbe und vom Zement staubigen Haaren. Er in zerschlissenen Hosen, einem grasgrünen Hemd, ein feuerrotes Tuch um den Hals geschlungen.

Maria wollte ihn gleich wieder hinauswerfen. Sie schalt mich: «Bist du wohl übergeschnappt? Hier ist kein Asyl für Alkoholiker.»

Erst als ich ihr den doppelten Preis für eine Übernachtung auf den Tisch legte, gab sie ihm mit sichtbarem Widerwillen das schlechteste Zimmer im Haus. Dann hörten wir zwanzig Stunden lang nichts mehr von ihm.

Ich war eben von meiner Arbeit heimgekehrt und zog einen frischen Pullover über den Kopf, als es zaghaft an meiner Türe klopfte.

Ich öffnete und bat ihn in mein Zimmer.

«Ich weiß nicht, weshalb Sie das für mich taten, und möchte Ihnen danken. Die Wirtin sagte mir, mein Zimmer sei von Ihnen bezahlt worden. Offen gestanden, ich weiß nicht recht, wie ich überhaupt hierher gekommen bin. Darf ich mich Ihnen wenigstens vorstellen? Ich bin Michelangelo.»

Er war verlegen. Und ich war noch viel verlegener.

Er setzte sich auf den einzigen Stuhl im Zimmer, ich lehnte mich an die Bettkante.

«Gibt es hier vielleicht etwas zu trinken?»

Ich holte ihm eine Tasse Kaffee. Als ich aus der Küche zurückkam, stand er beim Fenster, die Hände auf dem Rücken verschränkt.

«Mein Leben ist total verpfuscht. Deshalb trinke ich. Ich habe keine Familie, kein Heim, keine Freunde, nichts. Nur Alkohol. Der läßt mich wenigstens alle meine vierunddreißig beschissenen Jahre vergessen. Ich mag nicht zu vorgeschriebenen Arbeitsstunden arbeiten. Ich mag auch nicht zu vorgeschriebenen Zeiten essen. Lieber, wenn ich Hunger habe. Ich trinke auch lieber, wenn ich Durst habe – aber Durst habe ich eigentlich immer», fügte er ehrlich hinzu.

«Wo wohnen Sie?» Ich fragte es aus Verlegenheit, um das Gespräch in Gang zu halten.

«Eh, mal da, mal dort. Im Sommer schlafe ich in einem leeren Güterwagen. Oder ganz einfach unter einem Baum in der Nähe der Acquaverde-Mündung. Im Winter ist es schlimmer. Bis um Mitternacht ist der Wartsaal im Bahnhof von Locarno geöffnet. Dort ist es schön warm. Aber nachher... Es gibt bei der Post geheizte Telefonkabinen. Aber sie sind entsetzlich klein. Doch irgendwie geht es immer.»

Es entstand wiederum eine Pause. Dann fuhr er fort: «Am liebsten möchte ich an einem ganz einsamen Ort leben. Irgendwo in einer abgelegenen Hütte auf irgendeinem Berg. Ich mag die Leute nicht mehr und die Hast nicht mehr und all den Gestank nicht mehr.»

Wir sprachen noch ein Weilchen miteinander. Er machte einen recht vernünftigen, nur etwas schwermütigen Eindruck.

Ich konnte es nicht unterlassen, ihn zu ermahnen, weniger zu trinken. Dann ging er hinaus in die Nacht.

«Du hast offenbar Michelangelos rettenden Engel gespielt», sagte Marco anderntags zu mir. «Schade um den Kerl. Er wäre ein guter Arbeiter, wenn es keinen Grappa und wenig Wein für ihn gäbe. Er kann alles: mauern, Regentraufen setzen, sanitäre Installationen machen, malen, autofahren. Eine Zeitlang hat er bei mir gearbeitet – aber nur für fünf Franken in der Stunde.»

Es dauerte ein paar Tage, bis sich in meinem Hirn die beiden Sätze zusammenfügten: Michelangelos Bemerkung über seinen Wunschtraum vom einsamen Leben und Marcos Hinweis auf seine Kenntnisse. War er der starke Arm, den ich für den Monte Valdo brauchte?

Aber er war verschwunden. Ich fragte seine Trinkkumpane in San Michele – niemand hatte ihn seit jenem Abend gesehen. Er war wie vom Erdboden verschluckt.

Es wurde November. Das Acquaverde-Tal hatte sein leuchtendes Herbstgewand abgelegt. Die Birkenstämme schimmerten weiß aus den dunkeln Tannen und den Lärchen, die wie gelbe Flammen dem Flußufer entlang und in den Wäldern standen. Dann, gegen Weihnachten, senkte sich eine dicke Schneedecke über Froda. Die Mauern der Häuser waren auf einmal nicht mehr nur grau. Das Weiß des Schnees unterstrich ihre grünen Flechten. Die Kirche hatte einen Rosaschimmer.

Unsere Arbeit auf dem Bauplatz mußte eingestellt werden. Ich wechselte meine Stelle und wurde auf Marcos Empfehlung von Silvio, dem Elektriker, als Volontärin angenommen.

Und eines Abends fuhr ich bei dichtem Schneegestöber nach Locarno. Im Wartsaal des Bahnhofs fand ich Michelangelo. Er lag auf einer Bank und schnarchte. Sein Gesicht war gerötet. Natürlich war er wieder voll.

Nur mit Mühe gelang es mir, ihn aufzuwecken.

«Weiß schon», murmelte er. «Gehe sofort. Aber in der Telefonkabine schmerzen mich die Knie.»

Er setzte sich benommen auf, schüttelte den Kopf, öffnete die Augen.

«Ach, Sie sind das? Lassen Sie mich in Ruhe!»

Er legte sich wieder auf die Bank, kehrte mir den Rücken zu und schnarchte weiter. Es blieb mir nichts anderes übrig, als ihm einen Zettel in die Tasche zu schieben:

«Wenn Sie immer noch Lust haben, an einem ganz einsamen Ort zu leben und zu arbeiten, dann rufen Sie mich bitte an. Telefonnummer 3 89 24. Caterina Rüegg.»

Mehr konnte ich nicht tun.

Es war April, als er mich eines Abends aufsuchte. Er sei jetzt da, sagte er, und wolle morgen mit seiner Arbeit beginnen. Nichts, wo er bisher gewesen war, keine Frage, wo der einsame Ort sei, was er tun müsse. Einfach so.

Ich solle ihn morgen früh in San Michele abholen. Da hätte er all seine Sachen. Die wolle er gleich mitnehmen.

Silvio gab mir einen freien Tag. Ich wollte meine Lehrzeit als Elektriker nicht vorzeitig abbrechen, sondern Michelangelo zunächst allein auf dem Monte Valdo hausen lassen.

Michelangelos Umzug

Zwei mit Kleidern vollgestopfte Jutesäcke, ein paar Plastikeimer verschiedener Farbe und Größe, eine mit einer zerfaserten Schnur zusammengebundene Matratze, ein sehr schmutziger Butangaskocher samt Bombe und ein fellbezogener Militärtornister waren Michelangelos ganze Habe. Dazu ein Paar Gummistiefel. Im einen steckte eine Rolle Klosettpapier, im Loch der Rolle eine Blockflöte. Im andern waren ein paar Kochlöffel und eine Käseraffel.

«Vorsichtig», sagte Michelangelo, als ich die Stiefel packte, «untendrin sind drei Tazzini.»

Ich hätte mir ja denken können, daß er etwas Derartiges besaß. Tazzini, kleine Keramikschalen, sind ein Tessiner Allerwelts-Trinkgefäß. Zuerst benutzt man sie für den Wein, dann den Kaffee und schließlich den Grappa.

Mein Auto platzte beinah aus den Fugen, doch wir mußten noch unsere Einkäufe besorgen. Wir hatten am Vorabend eine lange Liste erstellt. Zwei Falci und zwei Kanister für Trinkwasser waren neben Lebensmitteln meiner Ansicht nach das wichtigste.

«Nein, eine Korbflasche Wein», hatte mir Michelangelo widersprochen.

«Schau dir erst den Weg an, über den du deine Korbflasche tragen sollst. Für diesmal kaufen wir nur zwei Fiaschi.» (Mit Stroh umhüllte Zweiliterflaschen.)

Dann brauchten wir Kerzen, Streichhölzer, Wolldekken, einen Besen, eine Schaufel und den größten Gerlo, den wir finden konnten. Wir banden ihn auf dem Autodach fest. Dieser Tessiner Tragkorb ist etwas enorm Praktisches. Er hat kaum Eigengewicht, aber eine halbe Haushaltung läßt sich bequem darin verstauen. Und auf dem Rücken trägt sich alles viel leichter.

Unser Weg zum Monte Valdo war diesmal noch mühsamer. Der nun belaubte Wald war teilweise so dicht, daß der Weg einem Dschungelpfad glich. Überall sproßte frisches Grün.

Wir gingen am Speicher der inzwischen fertiggestellten Wasserleitung der Gemeinde vorbei. Sobald die schriftliche Bewilligung eintraf, würden wir hier mit unserm Graben beginnen.

Als wir uns durch die Brombeerranken kämpften, bemerkte Michelangelo: «Du hattest recht wegen der Falci und der Korbflasche.»

Schließlich standen wir vor den Häusern. Jetzt war alles noch viel schöner. Die Wiese war grün, der Apfelbaum blühte, Bienen summten, tausend Vögel zwitscherten. Ein offenbar zu früh erwachter Kuckuck rief «Cacacù». Er stotterte.

Michelangelo riß die Augen auf und jauchzte: «Hier eröffnen wir den schönsten Grotto des Tessins!»

Er bezog das Haus mit der Jahrzahl. Im Dachstock würde er schlafen. Der ebenerdige Wohnraum mit dem Kamin sollte als Küche, Eß- und Wohnzimmer dienen.

Im untern Haus wollte ich im Heuboden mein Schlafzimmer einrichten, und im dortigen Wohnraum würden wir mit den Instandstellungsarbeiten beginnen, sobald es regnete.

Im langen Haus bestimmten wir einen Raum als Magazin. Der Stall wurde vorläufig Holzlager.

Wir setzten uns auf der Stalltreppe in die Sonne, aßen Salami und Käse und tranken aus Michelangelos Tazzini den Wein. Dabei erstellten wir eine Liste der allerdringlichsten Arbeiten:

– Alle Häuser putzen
– Gabinetto bauen
– Regentraufen richten, damit die Zisterne wieder vollfließt

– Garten roden

– Im Wohnzimmer der «Casa Caterina» Verputz abschlagen

Michelangelo sagte zu all dem nur ein einziges Wort: «Farèm!» Das heißt, schlicht und zuversichtlich: «Machen wir!»

Am Himmel zogen drohende Wolken auf. Ich entschloß mich zur Rückkehr nach Froda. Michelangelo begleitete mich bis zum Wagen, um die letzten Sachen nach unten zu tragen. Er war bedrückt.

«Bringst du mir übermorgen eine Flasche Grappa mit?» fragte er. «Weißt du, so ganz einfach ist es doch nicht, hier allein im Dschungel zu bleiben und den Robinson zu spielen.»

Als ich wegfuhr, sah ich im Rückspiegel, wie er sich mit dem Ärmel über die Augen wischte. Armer, einsamer Robinson!

Fräulein Susi Stäubli

Michelangelos traurige Augen verfolgten mich. Es mußte schlimm sein, so plötzlich ganz allein in einer Einöde zu hausen. Aber war es richtig, ihm als Trost eine Flasche Schnaps zu bringen? Etwas Lebendiges wäre doch gescheiter.

Während ich in Froda am Fenster saß und über dieses Problem nachdachte, hüpfte Susi Stäubli auf meinen Schoß und schmiegte sich schnurrend in meinen Arm.

«Fräulein Susi Stäubli» – so hieß meine Katze. Ich

hatte sie zu Weihnachten, als sie sozusagen ein Teenager war, von Maria geschenkt bekommen. Im Februar hatte ich sie in einem Brief an meine Freundin Helen wie folgt beschrieben:

«Den Vornamen Susi habe ich gewählt, weil diese zwei Silben sich in ganz verschiedener Weise formen lassen:

Wenn ich Suuusiii rufe, weiß sie, daß sie heimkommen soll. (Ob sie dann auch kommt, ist eine andere Frage.)

Sssusssi hört sie nicht gern. Das heißt nämlich, daß sie wieder was Dummes angestellt hat.

Der Name Stäubli ergab sich von selbst. Susis Fell hat die gleiche Farbe wie die Staubflöckchen, die einer unordentlichen Hausfrau wie mir beim jährlichen Frühlingsputz unterm Bett entgegenschweben. Oben sind sie mausgrau, unten etwas heller, mehr gegen Beige. Und Susi ist genau so.

Susi ist eine ganz spezielle Katze. Ich behaupte das, weil Susi sprechen kann.

‹Meee› heißt: ‹Steh endlich auf und laß mich raus.›

‹Ich habe Hunger›, verkündet sie mit ‹miii›.

‹Knknk›, warnt sie das Meislein am Futterhäuschen. ‹Warum hast du so dumme Flügel, daß ich dich nie erwische?› Sie preßt sich flach an den Boden. Ihr Schwanz zuckt wild hin und her. ‹Knknknk.›

‹Witt, witt›, neckt das Vögelchen. Dann fliegt es weg.

‹Mau›, murrt Susi enttäuscht, geht zum Rosenbusch und kauert sich zu einem Bällchen zusammen. Jetzt widmet sie sich mit gespitzten Ohren der Beobachtung eines Mäuselochs. Diese Arbeit ist rentabler. Zum Glück fliegen Mäuse nicht.

Mit einem stolzen ‹Brrrmmm› legt Susi eine Maus vor meine Füße. Sie tut das fast jeden Tag, manchmal sogar am Sonntag. ‹Schau mal›, heißt das, ‹bin ich nicht eine fleißige Katze?›

‹Pfch – geh sofort von meiner Maus weg!› faucht sie den Hudelhund an, der ihre Beute beschnuppern will.

‹Wo hast du denn das Mäuschen her?› frage ich Susi. Es gibt zwar in der Katzensprache weder ein Wort, das ‹Stall› bedeutet, noch eines für ‹Keller›. Susi kann mir aber trotzdem antworten. Ich muß nur an ihrem Fell riechen. Wenn es nach Heu duftet, war die Maus im Stall zu finden. War sie aber im Keller, so hat die ganze Katze einen modrigen Geruch. Dann wäscht sie sich stets besonders eifrig.

Und wenn sie mit dem Pfötchen bis hinters Ohr fährt, weiß ich auch noch, daß es morgen schneien wird.

Ist Susi nicht eine ganz besondere Katze?

Letzte Nacht hat sie mich aber überrascht wie noch nie: Wir erwachten ob einem fürchterlichen Kreischen. Sämtliche Kater des Dorfes schienen sich ausgerechnet vor meinem Fenster in eine Schlägerei verwickelt zu haben.

‹Februar›, erklärte ich Susi. ‹Aber du bist noch zu jung, um das zu verstehen.›

Susi sprang auf den Sims und schaute interessiert in den mondbeschienenen Hof. Ihre Gestalt hob sich wie ein Scherenschnitt vom Fenster ab.

Zuerst kauerte sie geduckt, wie vor einem Mauseloch, dann stand sie auf, hielt auf langem Hals den Kopf nach vorn, ihn aufmerksam nach rechts und links drehend, gleich einem Zuschauer beim Tennismatch. Dann aber streckte sie mit eingeknickten Vorderbeinen ihr Hinterteilchen in die Höhe. Ihr Schwanz war wie ein in die Luft gestelltes Ausrufzeichen.

‹Mrrraaaooo›, rief sie vorwurfsvoll hinaus.

‹Geht weg›, sollte das wahrscheinlich heißen. ‹Ihr stört uns. Wir wollen Ruhe haben.›

‹Mrrraaaooo!› Diesmal schrie sie es laut und fordernd. Ihre Vorderbeine stampften in zornigem Rhythmus.

‹Laß nur›, tröstete ich Susi, ‹die gehen dann schon wieder. Komm jetzt schlafen.›

Ich weiß nicht, wie lange der Lärm dauerte. Aber schließlich hörte er auf.

Zögernd hüpfte Susi vom Sims und legte sich neben mich auf die Bettdecke.

‹Mrrrh, rrrmmm.› Sie schnurrte wie ein Nähmaschinchen und hielt mir abwechslungsweise Bauch und Rükken hin, damit ich sie streichle. So zärtlichkeitsbedürftig war Susi noch nie gewesen.

Und dann begann sie plötzlich zu sprechen. Nicht in der Katzensprache. In gutem Deutsch. Weiß der Himmel, wo sie das gelernt hat. Ganz deutlich sagte sie zu mir: ‹Tust du nur so, weil du keine kleinen Kätzchen in unserm Hause willst, oder verstehst du wirklich nicht, daß ich raus zu dem dicken, weißen Kater möchte?›

Aber vielleicht habe ich da schon geschlafen.»

Nun ja, Susi entwischte mir doch. Drei Tage lang suchte ich sie zum Gaudium von ganz Froda. Dann erschien sie eines Morgens wieder, als ob nichts geschehen wäre. Und jetzt, Mitte April, wurde sie zusehends rundlicher. Sie hatte offenbar den weißen Kater angetroffen.

Michelangelo war ihr sympathisch. Das hatte ich bei seinem kürzlichen Besuch gesehen.

Für meine nächste Monte-Valdo-Reise übers Wochenende kaufte ich einen Liegestuhl, einen Schlafsack, ein paar fehlende Küchengeräte, zwei Büchschen Katzenfutter und ein paar Fiaschi Wein.

Carletto, der ehemalige Fußballstar (FC Locarno, Nationalliga A, 1936–1939!), lieh mir sein aus Weidenruten geflochtenes Trainingskörbchen. Darin hielt Susi Stäubli Einzug auf dem Monte Valdo.

Michelangelos Gesicht war unbeschreiblich.

«Hier ist dein Grappa», sagte ich und drückte ihm das Körbchen in die Hand. Er öffnete es.

«Capisi pü nagott – jetzt versteh' ich nichts mehr – verspricht sie mir Grappa und bringt statt dessen eine Katze!»

Er schüttelte den Kopf.

Susi ist wirklich eine gescheite Katze. Sie umschmeichelte Michelangelos Beine. Als er sie aufhob, leckte sie ihm die Hand. Er streichelte sie, und sie schnurrte selig.

«Glaubst du nicht, daß Susi dir besser Gesellschaft leisten kann als eine Flasche Schnaps?»

Er antwortete nicht. Aber seine Hand fuhr weiter über Susis Fell.

Die Ureinwohner melden sich

Michelangelo zeigte mir seine Arbeiten.

Der Dachstock seines Hauses war gewischt und gefegt. Die Matratze lag ordentlich bezogen in einem der

Betten. Seine beiden Kleidersäcke hingen an zwei rostigen Nägeln an einem Tragbalken des Daches.

Im Wohnraum hatte er eine Art Küchenkombination gebastelt. Der Kocher stand auf zwei mit einem Brett verbundenen Böcken am sauber geputzten Fenster. Links davon hatte er aus Kastanienästen ein Gestell für sämtliche Küchengeräte zusammengefügt. Die Lebensmittel konnten wir in einem eingebauten Schränkchen unterbringen.

Während ich Michelangelos Werk betrachtete, sah ich an der Decke ein graues Tierchen krabbeln, etwa dreimal so groß wie eine Maus. Sein Fell war silbergrau. Es hatte schwarze Äuglein und einen schönen buschigen Schwanz, fast wie ein Eichhörnchen.

«Ein Ghiro – Siebenschläfer –, er ist schon fast zahm. Aber wenn man ihn streicheln will, beißt er», erklärte mir Michelangelo.

Arbeit für Susi, dachte ich.

«Und nun schau dir dein Schlafzimmer an!» Michelangelo ging voran, stolz wie ein Führer von Versailles. Er hatte den Heuboden ausgeräumt. Dicke Kastanienbretter waren zum Vorschein gekommen.

«Ich hätte diesen Fußboden gerne noch gewichst», sagte Michelangelo trocken, «aber ich fand den Stecker für die Bohnermaschine nicht.»

Der Raum war in seiner ganzen Primitivität eindrucksvoll. Der Dachgiebel stieg in der Mitte etwa viereinhalb Meter hoch. Die jetzt von Spinnweben und Heustaub befreiten Balken waren aus Eichenholz. Die Querleisten aus in der Mitte gespaltenen Kastanienstämmen trugen die regelmäßig geschichteten Steinplatten. Zwischen den Platten glitzerte die Sonne und warf kleine Strahlenbündel schräg durchs Zimmer. Durch die große Dachluke sah ich auf eine Eiche, an der die Reben bis in den Raum hinein rankten. Fenster waren natürlich keine da.

«Schau, das habe ich zwischen den Platten deines Daches gefunden!» Michelangelo hielt mit spitzen Fingern ein etwa achtzig Zentimeter langes, durchsichtiges Band in die Höhe.

Eine Schlangenhaut! Auf dem Dach über mir krochen also Schlangen herum. Mich fror plötzlich. Mein erster Gedanke war, sofort wieder nach Froda zurückzukehren. Wenn ich hier im Bett lag, eine baumelnde Schlange über mir!

Ich brauchte einige Sekunden, um mich zu fassen, und gab mir Mühe, Michelangelo meinen Schrecken nicht zu deutlich zu zeigen. Wenn ich so ein Jammerlappen war, war es besser, meine Pläne zu begraben und in die Stadt zurückzukehren.

«Dai – ach geh», sagte ich also wegwerfend, «hier gibt es keine Giftschlangen, nur Nattern.»

«Ich fürchte mich aber vor allen Schlangen», gestand mir mein starker Helfer. «Ich bin mal von einer Viper gebissen worden. Das genügt.»

«Dir zuliebe werde ich eine Ampulle Serum kaufen.»

Schon zeitig zog ich mich in mein luftiges Zimmer zurück, schlüpfte in den Schlafsack und legte mich auf meinen Liegestuhl. Bei jeder kleinsten Bewegung knarrte das in einen Metallrahmen gespannte Segeltuch zum

Gotterbarmen. Ich schlief schlecht, träumte von Schlangen, die über mir schaukelten, und von krabbelnden Siebenschläfern.

Dösend bemerkte ich, daß Susi vom Bett sprang. Dann hörte ich einen erschreckten Pieps. Also gab es auch Mäuse. Etwas Weiches, Pelziges zwängte sich in meinen Schlafsack und kroch bis zu den Füßen. Ich glaubte, es sei Susi.

Anderntags, beim Aufräumen, kollerte die Leiche eines Siebenschläfers aus dem Sack. Er hatte vor Schreck über Susi nach seiner Flucht in meinen Schlafsack offenbar einen Herzschlag erlitten. Mein Schreck über ihn war auch nicht gering, aber mein Herz war zum Glück ein bißchen robuster.

Gegen Sonntag abend rüstete ich mich wieder zur Heimkehr nach Froda. Michelangelo begleitete mich. Wir hatten jetzt unser Trinkwasserproblem provisorisch gelöst. Etwa zwei Kilometer talwärts plätscherte am Straßenrand ein Brunnen. Wir fuhren bis dorthin, füllten die beiden Zehnliterkannen. Ich kehrte mit meinem Auto nochmals zurück zum Parkplatz. Von dort trug Michelangelo die Kannen im Gerlo nach unten.

Michelangelo wollte den Weg durch den Wald nur noch mit einem Stock bewaffnet gehen. Wegen der Schlangen.

«Schau, da ist eine Smaragdeidechse», sagte er, als wir, Monte Valdo verlassend, um die Ecke des langen Hauses bogen. Der grasgrüne Reptilkopf erhob sich am Rande eines Mäuerchens. Ob ich die Schlange bannte oder sie mich? Ich weiß es nicht. Wir waren beide regungslos und schauten einander an. Michelangelo hatte noch nicht bemerkt, daß die vermeintliche Smaragdeidechse eine Schlange war.

«Komm schon», rief er mir zu und machte mit seinem Stock eine Bewegung. Die Schlange zuckte erschreckt und floh abwärts. Ihr grüner Leib quoll förmlich aus dem Mauerloch. Ein Meter, immer noch mehr. Sie war gegen anderthalb Meter lang.

«Una biscia, una vera biscia! Eine Natter, eine richtige Natter – töte sie, Dio mio, töte sie.» Michelangelo war völlig außer sich.

«Nein, Nattern sind nicht giftig. Laß sie.»

«Alle Schlangen sind giftig, mir graut vor ihnen, so bring sie doch endlich um!»

«Wenn du sie töten willst, dann tu's gefälligst selbst. Du hast schließlich einen Stock, ich bloß eine Einkaufstasche.»

Mit zitternden Händen und ohne richtig zu zielen, schlug er gegen die Schlange, die sich weiter abwärtskriechend im dürren Laub verlor. Ich war froh, daß Michelangelo sie nicht erwischt hatte.

Meine erste Begegnung mit einer freilebenden Schlange hatte mir gezeigt, daß diese Tiere gar nicht so unsympathisch sind. Nur – ums Haus herum oder gar über dem Bett baumelnd gefielen sie mir nicht besonders.

So holte ich mir Rat bei Guido.

«Schaffe dir wieder einen Hund an, oder sogar zwei. Dann hast du Ruhe. Schlangen meiden Orte, wo sich zu vieles bewegt und Lärm macht.»

Wenn es eine so angenehme Lösung gab...

Hudel, mein Collie, war vor kurzem an einem Herzschlag gestorben. Ganz Froda trauerte mit mir. Nie mehr wollte ich einen Hund. Die grüne Schlange war dann schuld, daß ich meinen Entscheid widerrief und die Monte-Valdo-Familie durch zwei Hunde vergrößert wurde.

Maiskorn und Kaffeebohne

Radio Monte Ceneri bringt jede Woche eine Sendung für Tierfreunde. Darin werden entflogene Kanarienvögel und Wellensittiche, entlaufene Hunde und Katzen mit Steckbriefen und den Telefonnummern ihrer verzweifelten Besitzer gemeldet. Wer irgendein Haustier möchte oder zu verschenken hat, kann dies ebenfalls verkünden lassen.

Michelangelo war eifriger Radiohörer und schleppte den kleinen Transistor überall mit sich herum. Er gab mir die Telefonnummer von jemandem, der für zwei junge Jagdhunde ohne Stammbaum ein Plätzchen suchte. Die Nummer kam mir irgendwie bekannt vor. Ich stellte sie ein. Es war Marco! Ich erklärte ihm mein Anliegen.

«Das hätten wir weiß Gott ohne Vermittlung des Radios machen können. Aber komm und schau dir die beiden Kerlchen an.»

Es war allgemeine Liebe auf den ersten Blick. Die Welpen mochten etwa zehn Wochen alt sein. Das Weibchen war schwarz. Es hatte über jedem Auge einen verschmitzten braunen Punkt und mitten in seiner braunen Brust ein weißes Fleckchen. Ein Krawättchen sozusagen. Seine aufmerksamen Augen hatten einen pfiffigen Ausdruck.

Brust, Pfoten und das Schwanzspitzchen des rotbraunen Männchens waren weiß. Sein Gesicht mit den langen Schlappohren runzelte sich bereits sorgenvoll.

Die erste Reise bekam ihnen schlecht. Sie erbrachen mindestens das, was sie in den drei letzten Tagen gefressen hatten. Ich hatte weder eine Leine noch irgendeine Schnur bei mir. Sie folgten mir trotzdem brav durch den Wald, vorsichtig die stachligen Kastanienschalen vermeidend.

Das Weibchen sprang sofort an Michelangelo hoch. Sein Bruder war sehr zurückhaltend und versteckte sich ängstlich hinter mir.

Als erstes mußten sie Bekanntschaft mit Susi Stäubli machen. Susi tat das auf ihre Art. Sie machte einen Buckel, fauchte die beiden an und gab jedem eine tüchtige Ohrfeige. Damit war ein für allemal festgestellt, wer hier regierte.

Wie sollten sie nun heißen?

«Das Weibchen schaut aus wie ein verbrannter Chicco di caffè», fand ich.

«Wie sagt man Chicco di caffè auf deutsch?» erkundigte sich Michelangelo.

«Kaffeebohne.»

«Dann hab' ich's schon. Wir nennen sie Bona. Tönt weiblich und enorm vornehm. Und kein Mensch ahnt, daß eine verbrannte Kaffeebohne Bonas Patin war.»

Er nahm das hiermit getaufte Böhnchen auf den Arm.

«Ciao Bona, du gefällst mir sehr.»

«Aber wenn sie ausschaut wie eine Kaffeebohne, dann ist er ein Maiskorn – ein Grano turco.»

Ich streichelte den maisfarbigen Hund.

«Ciao Grano, du wirst mein großer Liebling sein.»

Grano schaute ernst und scheinbar tief betrübt in die Welt. Bona hüpfte vergnügt um uns herum. Da bemerkte ich, daß Grano schielte. Wenn er sein Gesicht geradeaus gegen den Monte Ceneri richtete, schaute sein linkes Auge nach Bellinzona. Nun wußte ich wenigstens den Grund seiner Sorgen.

Bald hatten sie den Schock der Autofahrt überwunden und begannen miteinander zu spielen, stets einen sorgfältigen Bogen um Susi machend, die auf dem Spaltklotz saß und sie nicht aus den Augen ließ.

«Nun sind wir schon vier ständige Einwohner auf dem Monte Valdo.» Michelangelo zählte auf: «Das Susi, die Bona, der Grano und der Michelangelo. In vierzehn Tagen, wenn sie ganz zu uns zieht, wird die Caterina die fünfte sein.»

Ich war aber die sechste, denn in der Zwischenzeit gebar Susi einen Sohn. Wir nannten ihn Bimbo.

Mai

Mein Einzug in den Dschungel

Mein Koffer war gepackt. Zum Abschluß wusch ich meine Haare und duschte so lange, bis der Boiler in Marias Badezimmer leer war. Eine Dusche würde ich vermissen. Aber hoffentlich nicht für lange.

Meine Post war nach Sassariente, postlagernd, umadressiert. Ich hatte allen meinen Freunden geschrieben, daß ich jeweils am Dienstag und Freitag ihre Briefe abholen werde. Ich wollte mich so einrichten, daß ich die übrigen fünf Tage der Woche nicht vom Monte Valdo weg mußte.

Einen schönen Tag hatte ich für meinen Umzug nicht ausgesucht. Es regnete. Es kann nur im Tessin so regnen. Wer es noch nie erlebt hat, stellt sich am besten vor, wie Sankt Petrus und alle Engelchen eine riesengroße Gießkanne mit Brause über das Tessin, den Lieblingsgarten des lieben Gottes, halten. Der Regen tropft nicht mehr, er rinnt in Fäden vom Himmel.

Auf Michelangelos Rat hatte ich mir einen wasserdichten Umhang gekauft, wie ihn die Straßenarbeiter tragen. Dazu einen Hut aus dem gleichen Material und die höchsten Gummistiefel. Wenn meine ehemaligen Angestellten mich so sehen könnten!

Ich patschte durch den Wald, beladen mit einem

Rucksack und drei an einen Stock gehängten Einkaufstaschen. Über die ganze Last spannte ich meinen mächtigen roten Tessiner Schirm.

Michelangelo hatte mir zum Empfang eine Art Triumphbogen gebastelt. Mühsam eingesteckte Blümlein, an denen Regentropfen herunterkollerten, hingen daran. Sein Willkommensgeschenk war ein Eßtisch. Kopf- und Fußteil des einen Bettes waren irgendwie zusammengefügt und bildeten das Tischblatt. Aus den wenigen noch guten Bodenbrettern des obern Heustalls hatte er zwei gekreuzte Beine und einen Quersteg geschreinert. Anstelle von Stühlen standen rings um den Tisch die Stücke eines Baumstamms, auf die entsprechende Sitzhöhe zugeschnitten. Im Kamin prasselte ein freundliches Feuer. Die Hunde saßen davor und wärmten sich. Susi säugte in einer Kartonschachtel ihr Söhnchen und gab zärtliche Gurrlaute von sich.

Weshalb Michelangelos Bett wohl in der Küche stand? Überhaupt – er schien mir wieder einmal bedrückt.

«Schau dir das an», jammerte er. Er führte mich in sein Schlafzimmer unterm Dach. Der Fußboden war an vielen Stellen naß.

«Und in deinem Zimmer schaut es nicht viel besser aus. Und im Stall wird das Holz naß, und im Lagerraum baden die Werkzeuge.»

Die Dächer waren nicht mehr dicht!

«Wenn es so hereinregnet, dann wird alles morsch. Zuerst die Tragbalken. Dann die Fußböden. Dann krachen die Dächer zusammen, und bald besteht unser ganzes Dorf nur noch aus Ruinen. Da, schau, dieser Balken ist morsch, dieses Brett ist morsch.»

Marcio – morsch – wie ich dieses Wort haßte!

«Du lieber Gott, was tun wir da? Kennst du niemanden, der Steindächer reparieren kann?» Ich wußte von meiner Arbeit bei Marco, daß dies eine ganz spezielle Kunst ist, für die es nur noch wenige Spezialisten gibt.

«Doch, ich kenne einen. Das Dumme ist, daß ich mich nicht mehr erinnern kann, wie er heißt.»

Michelangelo war den ganzen Tag nicht bei der Sache. Er suchte in sämtlichen Schubladen seines Hirns nach dem Namen dieses Mannes. Beim Nachtessen sagte er plötzlich: «Ich hab's: Ugo Bisi.»

So würde ich morgen wieder ins Tal fahren und nach Ugo forschen.

Ich füllte meine Wärmflasche mit dem Regenwasser, das Michelangelo dank all seinen draußen aufgestellten Eimern heute reichlich zur Verfügung hatte, und trug Susi mit Sohn in ihrer Schachtel in mein Zimmer. Es regnete nicht mehr. Ich spannte aber sicherheitshalber meinen roten Schirm über das Katzenwochenbett. Wenigstens die beiden sollten nicht naß werden.

Ugo der Weise

Ich fand Ugo nach ein paar Telefonaten.

Umständlich erklärte ich ihm den Weg.

«Ach, Sie meinen den Monte Valdo?» unterbrach er mich. «Den kenne ich gut. Ich war als Kind immer dort, um bei der Weinlese zu helfen. Ich komme.»

«Und wann kommen Sie?»

«Am ersten Regentag. Dann sehe ich die Schäden besser.»

Am andern Tag schon goß es, und Ugo erschien. Ein weiterer typischer Tessiner mit krausem Haar und eckigen Gesichtszügen. Sein Alter war schwer zu schätzen. Es mochte zwischen fünfundvierzig und fünfundfünfzig Jahren liegen. Er hatte langsame, bedächtige Bewegungen, sprach ebenso, die Augen stets auf den Boden gerichtet.

Ugo inspizierte jede einzelne Steinplatte der vier Dächer und kontrollierte auch die Tragbalken. In Michelangelos Haus war einer bedenklich morsch. Was machen wir da?

Er maß die Länge, nahm Axt und Säge, ging in den Wald, fällte einen Kastanienstamm und setzte ihn ein.

So einfach war das.

«Das ist aber nur provisorisch, allerdings hält es die nächsten zwanzig Jahre aus.»

Ugo sah jede einzelne undichte Stelle nach, verschob hie und da eine Platte. Am Abend, als der Regen wieder in Strömen floß, saßen wir im Trockenen.

Michelangelo entfachte das Feuer, wir schmolzen an Ästchen aufgespießten Formagellakäse und tranken Wein dazu. Ein ganz privates Fest zur Feier der dichten Dächer.

Das war der Moment, um Ugo nach den alten Zeiten auf dem Monte Valdo zu fragen.

Hier lebte während der Sommermonate ein Bauer namens Delio. Er besaß auch in Sassariente ein Gut, zog aber jeweils im Frühsommer mit seinem ganzen Vieh herauf, pflegte den Weinberg, den Kartoffelacker und einen Gemüsegarten.

«Und wie war das denn mit dem Weg?» Diese Frage beschäftigte Michelangelo schon lange.

«Von Sassariente aus führte ein gut ausgebauter Fußweg hierher.» Wahrscheinlich war er heute zugewachsen. Man müßte ihn im Winter wieder freischlagen. Aufwärts brauchte man vierzig Minuten, abwärts eine Viertelstunde.

«Soo weit weg von der Zivilisation sind wir eigentlich gar nicht», sagte Michelangelo fast enttäuscht. «Robinson hatte es doch schwieriger.»

«Und das Wasser?»

«Zu meiner Zeit war der Brunnen schon versiegt. Es gab einen Pfad ins Valle della Colera. Dorthin trieb Delio das Vieh zur Tränke, wenn es sehr trocken war. Sonst genügte das Wasser der Zisterne. In den Krisenjahren wanderte Delio aus nach Kalifornien.»

«Und der Monte Valdo schlief mit seiner Abreise ein», beendete Michelangelo die Geschichte.

Ugo ging erst heim, als es schon dunkel war. Mir schien, er wäre gern bei uns geblieben.

«Schafft euch den größtmöglichen Wasservorrat in der Zisterne an», hatte er uns vor dem Weggehen noch geraten.

«Es kann hier verdammt heiß werden und wochenlang nicht regnen.»

Wir beschlossen, die Zisterne zuerst einmal zu reinigen. Zu Michelangelos Leidwesen mußten wir das seit seiner Ankunft gesammelte Wasser auslaufen lassen. Als er aber auf dem Grund den schwarzen, etwa dreißig Zentimeter hohen Schlamm sah, war er getröstet.

Er stieg mit einer Leiter in den Schacht und lachte

über meinen Befehl, eine brennende Kerze mitzunehmen. Ich war besorgt, er könne durch Sauerstoffmangel ohnmächtig werden. Einer meiner eisernen Monte-Valdo-Grundsätze war es, jeglicher irgendwie möglichen Unfallgefahr aus dem Weg zu gehen.

Zum Schluß seiner Aktion schrubbte er die Wände mit Vim ab und spülte mit dem in den verschiedenen Eimern aufgesparten Wasser nach.

Ich bat den strahlend blauen Himmel um Regen, denn jetzt mußten wir auch noch das Waschwasser vom Brunnen hertragen.

Heinis Désirées

Unterhalb der Häuser war die Erde rot.

«Dorthin müßt ihr Kartoffeln pflanzen. Die gedeihen nirgends besser.» Natürlich stammte auch dieser Rat von Ugo. Die Sortenwahl machte mir Schwierigkeiten. Ugo konnte mir da nicht helfen. So fragte ich denn Heini, den Mann meiner Freundin Helen aus Basel. Er ist der begeistertste Hobbygärtner, den ich kenne. Zu Helens Leidwesen hat er sogar zwei Schrebergärten.

Bei meinem üblichen Postbesuch am Freitag fand ich ein Paket von Heini.

«Nimm Désirée», schrieb er mir, «und rechne mit einem zehnfachen Ertrag. Weil diese Sorte im Tessin vielleicht nicht bekannt ist, schicke ich dir hier fünf Kilo. Mehr als fünfzig Kilo wirst du ja in einem Winter nicht essen.»

So rodeten wir denn ein Stück der roten Erde, das groß genug war, um Heinis Kartoffeln aufzunehmen. Wir taten etwas von dem uralten Mist vom Misthaufen dazu, genau wie es in meinem Gartenbuch stand. Weder Michelangelo noch ich hatten irgendwelche Erfahrungen in Landarbeiten.

«Die dümmsten Bauern weit und breit sind wir ganz sicher», sagte Michelangelo. «Wenn das Sprichwort stimmt, dann müßten wir die größten Kartoffeln ernten.»

Aber um das zu erfahren, mußten wir bis Ende September warten. So stand es in meinem Gartenbuch.

Am nächsten Nachmittag wollten wir mit der Bohnensaat beginnen und Tomatensetzlinge einpflanzen.

Doch da kam der unheilvolle Brief.

Noch eine Hexe

Die Baubewilligung war immer noch nicht eingetroffen. Ich hatte deshalb vor kurzem wieder an die Gemeinde Sassariente geschrieben.

Der Antwortbrief, den ich an jenem Tag erhielt, machte all unsere Arbeitspläne zunichte.

«Wir erteilen Ihnen die Baubewilligung nur», schrieben sie, «wenn Sie sich mit Ihrer Unterschrift damit einverstanden erklären, daß wir weder Kinder zur Schule befördern noch die Straße vom Schnee räumen, noch den Kehricht abholen, noch Sie mit Wasser versehen müssen.»

Wenn ich kein Trinkwasser bekam, fiel mein ganzes Feriensiedlungsprojekt wie ein Kartenhaus zusammen. Was nützte dann meine ganze Ausbildung? Was half mir dann Michelangelo? Mußte ich ihn wieder entlassen? Und wohin sollte ich mit Susi Stäubli, mit ihrem Kind, mit Grano und Bona? Wer würde die Désirée-Kartoffeln ausgraben und essen?

Michelangelo würde wieder herumlungern, sich betrinken und im Wartsaal übernachten. Auch die geflickten Dächer nützten nichts. Ich war dem Weinen nahe und sah beim Aufwärtsfahren die Straße nur durch einen trüben Schleier. Beim Brunnen füllte ich die Wasserkanister, von denen wir gehofft hatten, wir würden sie nur kurze Zeit brauchen. Dann riß ich mich zusammen. Jetzt suchen wir eben die Quelle!

Michelangelo wunderte sich über mein grimmiges Gesicht. Ich erklärte ihm, daß wir nur noch die dringendsten Arbeiten in den Häusern verrichten würden, daß der Garten nicht weiter bepflanzt werde. Wasser graben war wichtiger.

«Farèm», sagte er nur.

Ich erinnerte mich, daß der von Silvia angegebene Ort in gerader Linie über den Häusern lag, etwas unterhalb des Fußweges. Wir kämpften uns aufwärts durch den inzwischen mehr als mannshoch gewordenen Farn. Der Pfad, den wir anlegten und nachher so oft am Morgen voller Hoffnung und am Abend enttäuscht zurücklegten, war eine kleinere Klettertour. Auf halber Höhe war eine Terrasse, die eine unwahrscheinlich schöne Aussicht bis weit nach Italien bot, bis dort, wo der Lago Maggiore eine Windung nach Süden macht. Dann mußten wir drei Mauern erklimmen, die zur Terrassierung des Geländes gedient hatten. Die Kastanienbäume standen hier schon hoch, doch ganz früher mußte auch hier Weinberg gewesen sein.

Es machte uns viel Mühe, die von Silvia gesteckten Markierungen wieder zu finden. Die Äste hatten in der Zwischenzeit Wurzeln bekommen und ausgeschlagen. Ich war nicht ganz sicher, ob wir am richtigen Ort waren.

So versuchte ich es eben auch: Ich schnitt einen Haselzweig so zurecht, wie ich es bei Silvia gesehen hatte, und ging mit den gleichen sorgfältigen Schritten quer zum Hang, die Rute mit angewinkelten Armen vor mich hin haltend. Michelangelo schaute mit immer runder werdenden Augen zu. Da – wie von einem Magnet gezogen, senkte sich die Rutenspitze bei der ersten der vermutlichen Markierungen. Ich ging weiter. Bei jedem der vier Schößlinge geschah dasselbe.

«Cristo», sagte Michelangelo ehrfürchtig, «und eine Hexe bist du auch noch.»

Pickel, Schaufeln, zwei Eimer und eine Flasche mit verdünntem Wein hatten wir bereits mitgenommen. Ich sandte ein kleines, flehentliches Stoßgebet zum Himmel und zum speziellen Schutzheiligen des Monte Valdo. Wenn ich schon Michelangelo und Ugo gefunden hatte, würde mir auch die Quelle nicht verborgen bleiben – sofern sie wirklich hier unten durchfloß...

Juni

Das Quellchen

Es ist mühsam, einen Graben zu machen. Es ist noch viel mühsamer, dies im Wald zu tun. Der Boden war durchflochten mit Wurzeln aller Art. An der Oberfläche waren sie dünn und mit der Schaufel zu durchschneiden. Dann aber wurden sie dicker und zäher. Ich glaube, Hanfseile sind nicht viel mühseliger zu zertrennen.

Am Mittag war Michelangelos Grabenstück gut drei Meter lang und einen halben Meter tief, meines halb so lang und halb so tief.

«Das kommt, weil du nicht in die Hände spuckst», erklärte mir der Fachmann. Er mußte es wissen.

Nach einer Tiefe von etwa siebzig Zentimetern hörten die Wurzeln auf. Wir gruben weiter in wunderschön schwarzer, tiefer unten roter Erde. Steine gab es nur wenige. Die beladenen Schaufeln flogen nur so. Unterhalb des Grabens häufte sich unser Aushub. Die Hunde schauten uns neugierig zu und jagten den hinabkollernden Steinchen nach.

Am Abend war unser Graben, der Balken des T, etwa sechs Meter lang und führte von der ersten bis zur vierten Markierung. Wir waren in einer Tiefe von gut einem Meter auf eine mit Lehm durchsetzte Sandschicht gestoßen. Sie war so hart, daß man mit Pickel und Stemmeisen jede Schaufel voll mühsam losschlagen mußte. Michelangelo hätte wahrscheinlich noch lange weiter gegraben. Um halb acht Uhr konnte ich aber einfach nicht mehr.

Wasser suchen ist etwas ungeheuer Spannendes. Mit jedem Pickelschlag denkt man: Noch zehn Zentimeter mehr, dann finden wir die Quelle. Noch zwanzig Schaufeln mehr, dann haben wir Wasser. Aber an diesem ersten Tag fanden wir es nicht. Ich schlief herrlich und träumte, wir hätten die Quelle ausgegraben.

Normalerweise stand ich auf, wenn ich den Cacacù, unsern stotternden Kuckuck, zum erstenmal rufen hörte. Am folgenden Morgen klapperten Michelangelos Zoccoli schon über die Treppen, als erst ein ganz feiner Lichtschimmer den Tagesanbruch ahnen ließ. Die Hunde jaulten und kratzten an meiner Tür. Es klopfte zaghaft.

«Bist du schon wach? Mir träumte, wir hätten Wasser gefunden.»

Ich sprang aus dem Bett. Wenn Michelangelo denselben Traum wie ich gehabt hatte, dann mußte er sich einfach erfüllen.

Proviant nahmen wir gleich mit. Es war schade, die Arbeit wegen des Mittagessens zu unterbrechen. Susi ließ ihr Kind für ein Weilchen allein und begleitete uns auch, hie und da die Hunde mit einem kurzen Fauchen zurechtweisend.

Abends um halb fünf Uhr – unser Graben war in seiner ganzen Länge etwa anderthalb Meter tief – hielt mir Michelangelo einen faustgroßen Stein unter die Nase. Er war naß!

«Hurra, ein nasser Stein!»

Michelangelo hüpfte wie besessen im Graben hin und her und jauchzte. Dann küßte er den Stein und warf ihn hoch in die Luft. Ich hätte Michelangelo am liebsten umarmt.

Eifrig vertieften und erweiterten wir nun mit dem Stemmeisen die Stelle, wo der Stein gelegen hatte. Ein kleines Rinnsal sammelte sich. Michelangelo wollte die trübe Brühe mit der Hand ausschöpfen und trinken.

«Heute abend trinke ich nur von diesem Wasser, keinen Wein.»

Wir schaufelten unserm Quellchen einen schmalen Abfluß, den Mittelstrich des T. Wie schnell das jetzt ging, obwohl die Wurzeln immer noch zäh und die Lehmschicht genau gleich hart war.

Tiefsinnig stellte Michelangelo fest: «Wein muß man trinken, um besoffen zu werden. Beim Wasser genügt es schon, es zu finden.»

Auf dem Heimweg sang Michelangelo: «Ich bin dein Sturm, dein Regen und Wind...»

Es war das erste Mal, daß ich ihn singen hörte. Offenbar war er so glücklich wie ich.

Wir blieben lange auf und betrachteten den Sternenhimmel. Man sah die Milchstraße. Die Nacht war wie dunkelblauer Samt, auf dem Brillanten funkeln. Der Mond schien wie ein zur Bundesfeier aufgehängter Lampion. Die Grillen zirpten ihr fröhliches Lied, und Glühwürmchen ließen ihre freundlichen Lichtlein aufleuchten. Es hätte mich nicht gewundert, auch den Gesang einer Nachtigall zu hören. Selbst der sachlichste Mathematiker müßte hier zum Poeten werden...

Der Wind trug verwehte Glockenklänge und – das war kaum zu glauben – den weit weg, aber deutlich hörbaren Straßenlärm zu uns herauf. Die Ferienzeit hatte begonnen, und die Brandung des Reisestroms trug den fordernden Klang von Autohupen, das Quietschen von Bremsen, das Brummen von Motoren und hie und da das Heulen eines Polizei- oder Krankenautos bis in die Einöde des Monte Valdo. Armer Mathematiker, er müßte auch hier bei seinen Zahlen bleiben...

Aber wahrscheinlich saß er sowieso in einem der unten durchfahrenden Autos und begab sich ins Grandhotel von Locarno oder Ascona. Ich brach meine Spintisierereien ab.

«Gute Nacht, Michelangelo. Morgen graben wir die drei übrigen Wasserstränge aus.»

Die Notfallapotheke

Ein paar Stunden später erwachte ich schweißgebadet. In meinen Eingeweiden wühlten tausend Messer. Es war mir sterbensübel. Mühsam erhob ich mich, entzündete mit zitternden Händen eine Kerze und machte mich auf den Marsch zu unserem Klosett.

Bis jetzt war ich immer stolz darauf gewesen, das Gabinetto mit der schönsten Aussicht zu besitzen. Michelangelo hatte aus Kastanienstämmchen eine Art Laubhüttlein gebaut, etwa fünfzig Meter von den Häusern entfernt im Wald. Auf drei Seiten hatte er es mit Plastikwänden versehen. Gegen den Monte Ceneri war es offen. Eine Tür brauchten wir in dieser Einsamkeit nicht. Ein anderthalb Meter tiefes Loch, rechts und links ein paar Bretter darübergelegt und zwei kunstvolle Halter aus Draht, einer fürs Papier, der andere für den Kalksack, das war alles.

Solange man gesund ist, geht das wunderbar. Es geht auch, wenn einem schlecht ist. Man frage nur nicht, wie.

Auch diese längste aller Nächte ging einmal vorbei. Wie oft ich in den Wald und wieder zurückgepilgert bin, habe ich nicht gezählt. Susi begleitete mich jedesmal getreulich. Ich tröstete mich damit, daß es bei Regenwetter noch schlimmer gewesen wäre.

Ich rief nach Michelangelo, sobald ich seine Zoccoli klappern hörte, und bat ihn, mir die Apotheke zu bringen.

Im stillen lobte ich mich selbst. Wie klug war ich doch gewesen, eine bestausgerüstete Notapotheke anzuschaffen, mit Medikamenten für alle nur möglichen Krankheiten: Kopfweh, Fieber, Erkältungen, Durchfall, Verstopfung, Herzbeschwerden, Insektenstiche, Verstauchungen, Ohrenweh, Augenentzündung, Rheuma. Sogar Antibabypillen waren drin.

Es ist nie gut, sich selbst zu loben.

Michelangelo brachte mir die Schachtel mit der Bemerkung, er fürchte, sie sei nicht mehr ganz komplett. Ich öffnete sie. Da war kein Coramin mehr, kein Hustensirup, die Schachteln mit Mitteln gegen Verstopfung, Fieber, Durchfall waren leer. Auch die Dose mit den Antibabypillen.

Die Kohlepastillen waren noch da, Gott sei Dank.

«Die schwarzen Tabletten mochte ich nicht. Aber die andern habe ich vorsichtshalber ausprobiert. Ich finde, sie taten mir alle sehr gut.» Also sprach mein starker Arm und Helfer.

Ich war viel zu schwach, um mit ihm zu schelten, und auch zu schwach, um zu lachen. Zum Glück hatten ihm die Kohletabletten nicht zugesagt.

Drei Tage lang lag ich mit Fieber im Bett, trank Schwarztee, aß Kohle und Äpfel, die Michelangelo sorgsam auf der Käseraffel für mich rieb. Er war ein rührender Pfleger, voller Besorgnis und mit vielen Ideen, was mir guttun könnte. Daß ich weder Grappa noch Wein trinken wollte, verstand er nicht.

«Grappa desinfiziert doch, und Wein stärkt. Das hat mein Babbo immer gesagt. Drum bin ich so stark.»

Offenbar stimmt es, daß Grappa desinfiziert. Die Ursache meiner Krankheit lag wahrscheinlich darin, daß ich aus lauter Freude an unserm Quellenfund den Salat aus Versehen mit Zisternenwasser gewaschen hatte. Michelangelo trank nach dem Essen immer sein Gläslein Grappa. Ihm hatte der Salat nicht geschadet.

Sobald ich wieder auf den – allerdings wackligen – Beinen stand, entschloß ich mich, auch Grappa zu trinken. Vorbeugen ist besser als eine leere Notfallapotheke.

Juli

Der Esel und die Gärtnerin

Dann kam ein strahlender Sommersonntag. Ich legte mich in die Sonne, genoß die wohlige Wärme, die Aussicht, den leisen Wind, den Anblick der blühenden Wiese und der vielen tanzenden Schmetterlinge – das Leben überhaupt. Der Lindenbaum duftete betörend. Michelangelo werkelte allerhand um mich herum und setzte sich schließlich auf den Spaltklotz, den Thron des Königs vom Monte Valdo.

«Findest du nicht, daß es schön wäre, ein paar Hühner zu haben? Ein frisches Ei am Morgen wäre etwas Herrliches.»

Und ich fuhr fort: «Findest du nicht, daß es schön wäre, ein paar Kaninchen herumhopsen zu lassen? Ein eigener Sonntagsbraten wäre wundervoll.»

«Wenn wir schon Hühner und Kaninchen halten, dann könnten wir auch einen Esel beschaffen. Der könnte Zementsäcke und Sand tragen, das Farnkraut abfressen...» spann Michelangelo den Faden weiter.

«Ach, und ein paar Ziegen und ein Schwein und Schafe...»

«Oder wir könnten Fasanen züchten und an die Hotels von Ascona und Locarno verkaufen...»

Leider mußte ich all diese Luftschlösser (oder sollte

man in diesem Falle Luftställe sagen?) brutal zerstören.

«Tiere machen Arbeit. Zuerst müssen unsere Häuser soweit sein, daß wir sie vermieten können. Das bringt bares Geld. Dann müssen wir deine Wohnung ausbauen. Und wenn es soweit ist, dann suchen wir eine junge, hübsche Gärtnerin. Die kann sich dann ums Gemüse kümmern, und du wirst Zeit für Tiere haben. Wer weiß, vielleicht finden wir sogar eine Gärtnerin, die du heiraten willst.»

Anstatt vor Freude über meinen Vorschlag in die Luft zu springen, senkte Michelangelo den Kopf und sagte: «Aber ich hätte lieber einen Esel, weil...», dann stockte er.

«Weil was?»

«Ach, einfach so.»

«Sei doch nicht so blöd. Wenn unsere Landwirtschaft blühen soll, brauchen wir eine Gärtnerin.»

«Also meinetwegen.» Er machte eine Pause, atmete tief ein und stieß dann hervor: «Aber heiraten tu' ich sie nur, wenn sie ganz, ganz genau gleich ist wie du!»

Sein Gesicht war plötzlich rot geworden. Die Augen hatte er gesenkt.

In genau diesem Augenblick setzte sich ein Schmetterling auf Michelangelos Nase. Er merkte es nicht einmal. So entsetzlich verlegen war er.

Nach einer weiteren Pause sagte er: «So, jetzt weißt du, wie es um mich steht. Ich hätte es dir nie zu sagen gewagt, wenn du mich mit deiner Fragerei nicht so in die Enge getrieben hättest.»

Ich war gerührt und hätte mich gleichzeitig ohrfeigen können. Ich war das einzige menschliche Wesen, das er während mehr als zwei Monaten gesehen hatte. Dank mir hatte er zu essen, zu trinken, ein Dach über dem Kopf – und dummerweise war ich eine Frau.

Da war ich nun über Kaninchen, Hühner, einen Esel und eine Gärtnerin unversehens in Michelangelos Herzensgeheimnis hineingeraten. Aber vielleicht war das gut. So konnte ich die Situation klären, bevor sie kritisch wurde.

«Ach schau, es ist eigentlich ganz normal, daß du dich ein bißchen in mich verliebt hast. Da war einfach keine Auswahl, sonst hättest du eine Jüngere vorgezogen. Ich bin doch mehr wie eine ältere Schwester, koche für dich und mahne dich zu deinem Leidwesen täglich, dir die Zähne zu putzen.»

In der Luft hing ein beinahe sichtbares Fragezeichen. Meine Argumente schienen ihn nicht sehr zu überzeugen. Ich fuhr fort: «Mir scheint, es wird Zeit, daß du wieder einmal unter Menschen kommst. Nächstes Wochenende machst du frei. Ich gebe dir mein Auto und ein bißchen Geld. Du fährst irgendwohin, wo es dir gefällt, und spielst Kurgast.»

Ich doppelter Idiot bildete mir ein, Michelangelo sei von seiner Alkoholsucht bereits geheilt. Hier war er zufrieden mit seiner täglichen Ration: einem Liter Wein und einem Glas Grappa nach dem Essen. Allerdings – er mußte notgedrungen damit zufrieden sein, weil ich immer nur genau eine Wochenration für uns beide aus dem Tal mitbrachte.

Strafe

Der erste Einkauf nach meiner Genesung waren siebzig Meter Wasserschlauch, mit dem wir das Wasser unseres Quellchens in die Zisterne leiteten. Etwa einen Liter pro Minute brachte es. Wir waren eigentlich damit schon im Überfluß versehen. Man lernt schnell, Trinkwasser zu sparen, wenn man es von weit her tragen muß. Unser Bedarf war auf zweimal zwanzig Liter pro Woche gesunken, wenn wir uns im Zisternenwasser waschen konnten. Als ich am Brunnen vorbeifuhr, streckte ich ihm die Zunge heraus.

Ob es der Wassergeist war, der mir meine Ungezogenheit übel nahm, ob der Schutzpatron vom Monte Valdo Michelangelo strafen wollte? Ich weiß es nicht. Ich weiß nur, daß wir die andern drei Wasserstränge nicht fanden und daß unser Quellchen nach einer guten Woche versiegte.

Das kam so:

Michelangelo war am Samstag, versehen mit Autoschlüssel, Geld und vielen guten Ermahnungen, angetan mit seinen neuen blauen «Bluschings» und einem roten Hemd, vergnügt davongezogen. Er freute sich auf sein freies Wochenende und versprach mir, am Sonntagabend wieder heimzukommen.

Bei seinem Weggang floß die Quelle noch.

Nun war ich zum erstenmal ganz allein auf dem Monte Valdo. Einsam fühlte ich mich nicht. Die Tiere sorgten für genügend Betrieb. Susis Söhnchen Bimbo war jetzt gut zwei Monate alt und ungefähr das süßeste Ding, das der liebe Gott je erschaffen hat. Seine Öhrchen, die anfänglich scheinbar falsch angeklebt an einem zu großen, runden Köpflein hingen, hatten jetzt die richtige Form angenommen. Bimbos Augen waren von unschuldigstem Himmelblau, und sein Fell war lang und seidig glänzend. Das trug ihm denn auch den Namen «Seidenglanz» ein, Bimbo Seidenglanz. Wie Susi es fertiggebracht hat, in Froda einen vornehmen Angorakater als Vater ihres Kindes zu finden, bleibt ungeklärt.

Bimbos Rücken war grau-schwarz getigert, Gesicht, Brust und Bauch leuchteten weiß. Die Beinchen schienen in weißen Stiefelchen zu stecken. Sein Wortschatz war noch nicht groß. Er umfaßte erst ein allereinziges Wort: «Miii». Damit unterhielt er sich mit Susi so gut wie mit den beiden Hunden.

Alle vier veranstalteten wilde Hetzjagden vom langen Haus über den Platz bis ans Ende des Weinbergs. Wir hatten diese Strecke den «Corso Bimbo» getauft. Falls Susi die Angelegenheit als zu gefährlich für Bimbo erachtete, stellte sie sich mit einem Buckel zwischen ihr Kind und die Hunde. Diese stoppten ihren rasenden Lauf, alle vier kugelten unter- und übereinander.

Es wurde warm und immer wärmer. Die Tiere verkrochen sich irgendwo im Schatten. Das Quellchen tröpfelte regelmäßig in einen Eimer. Ich schlief ein.

Ich erwachte erst wieder, als die Sonne schon untergegangen war und die Tiere, nach ihrem gewohnten Futter bettelnd, um mich herumstrichen, bellten und miauten.

Als ich ihr Trinkgeschirr frisch füllen wollte, merkte ich es: die Quelle floß nicht mehr. Sehr besorgt machte mich das nicht. Wahrscheinlich war der Schlauch oben aus der Halterung gerutscht. Ich war so leichtsinnig, die Reparatur auf den folgenden Tag zu verschieben.

Dann saß ich lange an unserem Tisch, den wir auf den Platz hinausgestellt hatten, und schaute in meine Welt. Langsam verdämmerte der Tag. Die Berge hoben sich dunkelblau von einem erst türkisfarbigen, dann immer zarter grün werdenden und schließlich verblassenden Himmel. Die Lichter von Magadino, Vira, Piazzogna flackerten auf. Im Eichenbaum unterhalb des Gartens wisperte ein verschlafenes Vögelchen, die Glokken von Sassariente läuteten mit ihrem rhythmuslosen Ding-Dong den Sonntag ein. Es war fast zum Heulen schön – und ich war wunschlos glücklich. Nein – vielleicht wäre es noch schöner gewesen, all diese Genüsse mit jemandem teilen zu können. Aber alles auf der Welt kann man ja schließlich nicht haben.

Ich schlief nicht gut. Daran waren die Stechmücken und ein Ghiro schuld. Stechmücken haben auf italienisch einen äußerst bezeichnenden Namen: Zanzare. Wenn man das mit dem weichen italienischen Z ausspricht, hört man sie förmlich schwirren. Ja, sie schwirrten mir um die Ohren, zerstachen mir Gesicht und Arme, so daß ich schließlich trotz der Wärme ein Nachthemd mit langen Ärmeln anzog und mich tief in meinen Schlafsack verkroch. In Zukunft würde ich im Dunkeln ins Bett gehen, um sie nicht durchs Kerzenlicht anzulokken.

Dann kam Susis Freund, der Siebenschläfer, um mich zu ärgern. Vielleicht wollte er mich auch nur ein bißchen unterhalten. Alle andern Ghiri hatte Susi erbarmungslos umgebracht. Einen aber, der in meinem Zimmer über der Fensterluke in einem Mauerloch hauste, verschonte sie aus unerfindlichen Gründen. Ich versuchte meinerseits, ihn zu ärgern, und zündete mit der Taschenlampe ins Gebälk, seine Klettertour verfolgend. Aber das Licht der Lampe zog wieder die Mücken an.

Es ist schwer, das Geräusch zu beschreiben, das Siebenschläfer von sich geben. Es kommt dem Quietschen von kleinen Schweinchen gleich. Immer wenn man meint, sie hätten jetzt ihr Konzert beendet, fangen sie von neuem an.

Weil Michelangelos Zoccoligeklapper mich nicht weckte, erwachte ich ungewöhnlich spät. Es war wieder ein strahlender Tag. Nun würde ich mir einen schönen Kaffee kochen, die Haare waschen, mich einölen und dann in die Sonne legen. Ein Kurgast-Sonntag also. Wie fühlte sich Michelangelo wohl als Kurgast?

Eine ertrunkene Maus riß mich jäh zurück in den harten Alltag. Sie war in den Eimer gefallen, der unter der Schlauchmündung stand. Es floß immer noch kein Wasser.

Ich bin zwar nicht heikel, doch Kaffeewasser mit ertrunkenen Mäusen ist nicht mein Fall. Ich kletterte also hinauf zu unserer Quellfassung. Aber da war keine Quelle mehr. Der Boden war trocken. Knochentrocken. Der Sand rieselte durch meine Hände. Die Quelle war einfach weg, wie wenn sie nie gewesen wäre.

Einen Moment lang war ich fassungslos, dachte an den Brunnen, dem ich die Zunge herausgestreckt hatte, schämte mich ein bißchen.

Dann holte ich Pickel und Schaufel und begann zu graben. Der Kaffee mußte eben warten.

Während des ganzen schönen Sonntags, den ich eigentlich auf dem Liegestuhl zubringen wollte, grub ich nach Wasser. Ich stillte den Durst mit etwas Wein. Die Milchration der Katzen wollte ich nicht angreifen. Wenn Michelangelo zurückkam, mußte er sofort zum Brunnen fahren und die Kanister füllen.

Aber Michelangelo kam nicht.

Er erschien auch am Montag nicht.

Ich ging mit einem der Kanister zu Fuß zum Brunnen und kehrte recht verärgert wieder heim. Anderthalb Stunden hatte es mich gekostet, zehn Liter Wasser hierher zu schleppen. Dann setzte ich meine Grabarbeit fort.

Auch am Dienstagmorgen war Michelangelo noch nicht da. Er mußte einen Unfall erlitten haben! Ich machte mich auf den Weg nach Sassariente, um von dort aus die Polizei zu alarmieren.

Beim Brunnen stand mein Auto. Michelangelo saß zusammengekrümmt am Steuer und – schnarchte.

«'tschuldigung», murmelte er, als ich ihn recht unsanft schüttelte, «k'n B'nzin meh'.» Er rülpste. Er stank nach Fusel und war ganz einfach stockbesoffen.

Bis zu jenem Augenblick hatte ich nicht gewußt, *wie* wütend ich werden kann. Hätte er vor mir gestanden, ich hätte ihm wahrscheinlich ein paar saftige Ohrfeigen verabreicht. So packte ich ihn nur bei den Schultern und schüttelte ihn wie einen Sack voller Kehricht. Sein Kopf baumelte willenlos hin und her, und – weiß Gott – dann schnarchte er weiter! Ich stampfte mit dem Fuß und sammelte meinen gesamten Schatz an schweizerdeutschen und italienischen Flüchen. Die schrie ich ihm ins Gesicht.

Sehr beeindruckt hat ihn das nicht.

Dann wies ich auf den Wasserkanister: «Wir haben seit Sonntag kein Wasser mehr!»

Er hob die Augendeckel etwas und schaute mich mit verschwommenem Blick an. «Eh?»

Es dauerte eine Weile, bis sein mit Alkohol vollgepumptes Hirn meine Worte richtig aufgenommen hatte. Ich füllte den mitgebrachten Wasserkanister und schubste Michelangelo auf den Mitfahrersitz. Zum Glück hatte ich eine kleine Benzinreserve, die jetzt bis zum Parkplatz und später zurück zur Tankstelle in Sassariente reichen würde.

Der Weg durch den Wald war eine Tortur.

Zu Hause angelangt, brühte ich starken Kaffee. Michelangelo wollte sich dann hinlegen, um seinen Rausch auszuschlafen. Ich Närrin, ich Dummkopf, ich Trottel, um diesen Nichtsnutz, um diesen Vagabunden und Säufer hatte ich mich gesorgt!

Ich drückte ihm die Schaufel in die Hand.

«Los jetzt, wir müssen unser Wasser wieder ausgraben.»

Ein fleißiger Arbeiter war er an jenem Tag nicht. Aber Strafe mußte sein. Für ihn so sehr wie für mich. Ich hätte wissen müssen, daß man einen Alkoholiker nicht mit Geld und einem Auto versieht und ihm empfiehlt, sich einen schönen Sonntag zu machen.

Der Geist vom Monte Valdo war böse mit uns. Wir fanden an jenem Tag kein Wasser.

Wir fanden es auch in den nachfolgenden sechs Wochen nicht. Wenn ich mich an jene Zeit zurückerinnere, rieche ich Schweiß, höre ich das Summen der Zanzare, die uns im Graben entsetzlich plagten, fühle ich die Müdigkeit in all meinen Knochen.

Es war heiß. Das Thermometer stieg jeden Tag über fünfunddreißig Grad im Schatten. Die Zisterne war leer. Es regnete nie. Die Kirschbäume hingen voller Früchte. Wir pflückten beim Vorbeigehen ein paar Hände voll. Den Rest überließen wir den Vögeln.

Wir mußten unsere Quelle finden.

Wenn ein Graben mehr als zwei Meter tief ist, wird die Arbeit mühsam. Wir teilten uns so ein, daß Michelangelo die harte Lehm- und Sandschicht mit Stemmeisen und Pickel löste und den Aushub abwechslungsweise in zwei Eimer schaufelte. Meine Arbeit war es, diese Eimer aus dem Graben zu tragen und auszuleeren.

Dann kam der Moment, wo der Graben so tief war, daß Michelangelo die Eimer nicht mehr zu mir hochheben konnte. Wir banden ein Seil daran. So konnte ich sie hochziehen.

Zum Zeitvertreib lernte ich auf tessinerisch zählen: «Wün, dü, tri, quater, cinc, ses, sett, wuot, nöf, des.» Einmal hielt ich das einen Tag lang durch und kam bis zweihundertdreiundachtzig.

Nach dem Zählen kam das Rechnen. Wenn ein Eimer zwanzig Kilogramm schwer war und ich in einer Stunde fünfundzwanzig solche Lasten etwa zehn Meter weit trug, wieviel Tonnen und wieviel Meter gab das? Pro Stunde? pro Tag? pro Woche?

Unterhalb des Grabens häufte sich langsam ein Berg.

Ich mußte immer mehr Stufen ersteigen, um meine Eimer auf der Spitze zu leeren.

Die Tiere kamen am Morgen jeweils mit uns. Leider hat uns nie jemand gesehen. Es müßte ein drolliger Anblick gewesen sein: Die Hunde rannten voraus; dann kam Michelangelo, sein langes Haar ungekämmt, der Bart struppig, in der Hand ein Fiasco Wein; dann ich mit meinen hohen Gummistiefeln, auf dem Rücken Michelangelos fellbezogenen Militärtornister mit dem Proviant, und schließlich Susi und Bimbo. Eins schön hinter dem andern wie ein Appenzeller Alpaufzug. Und dem Weg entlang blühten Feuerlilien.

Ich wurde nervös. Was machte ich, wenn der Graben einstürzte und Michelangelo unter sich begrub? Wir hatten den oberen Teil mit Pfählen und Brettern verspießt, und Michelangelo versicherte mir, es könne wirklich nichts passieren. Ich hatte trotzdem Angst.

Unser Graben war an die fünf Meter tief, als Michelangelo eines Abends herauskletterte und mir eine Handvoll Lehm vor die Füße pflatschte. Der Lehm war feucht. Man kann auch wegen eines Klumpens feuchten Lehms weinen.

In ein paar Tagen war es so weit, daß wir nicht mehr zum Brunnen gehen mußten, um uns zu waschen, daß ich am Morgen und am Abend meine Dusche nehmen konnte, daß ich kübelweise Wasser verschwenden konnte, um unser Geschirr zu waschen. Würde das schön sein!

Am Dienstag sagte Michelangelo: «Morgen haben wir Wasser. Ab dann werde ich mir meine Zähne sogar zweimal täglich putzen.»

Am Mittwoch sagte ich: «Morgen haben wir Wasser, dann werden wir Salat essen und Spaghetti kochen.» Ich hatte unsern Speisezettel längst so eingeteilt, daß ich alles vermied, was viel Wasser brauchte. Wir nährten uns deshalb hauptsächlich von Salami, Käse, Brot und Äpfeln.

Am Donnerstag sagte Michelangelo: «Morgen ist Freitag, der dreizehnte, da finden wir Wasser.»

Am Freitag sagte ich: «Morgen ist Vollmond, da müssen wir Wasser finden.»

Aber wir fanden es nicht, obschon sich die Haselrute um ihre eigene Achse drehte, wenn ich sie im Graben vor mich hin hielt. Silvia konnte ich nicht mehr fragen, was dies bedeute. Sie war vor ein paar Wochen gestorben.

Wie tief unser Graben wohl geworden wäre, wenn sich das Mißverständnis nicht aufgeklärt hätte?

Ich mußte wegen meiner Niederlassungspapiere auf der Gemeindekanzlei von Sassariente vorsprechen und hatte dies immer wieder hinausgeschoben, weil mir außer dem Wasser alles andere unwichtig war.

«Wir würden Ihnen gerne endlich die Baubewilligung zustellen», sagte der Gemeindesekretär. «Warum unterschreiben Sie die verlangte Erklärung nicht?»

«Wie kann ich unterschreiben, daß ich mich damit einverstanden erkläre, von Ihnen kein Wasser zu erhalten?» war meine etwas empörte Gegenfrage.

«Aber davon kann doch gar keine Rede sein», sagte er. «Wir schrieben Ihnen doch nur in dem Sinn, daß Sie die Wasserleitung von der Abzapfstelle bis zu Ihren Häusern auf Ihre eigenen Kosten bauen müssen...»

Bis an mein Lebensende werde ich nicht vergessen, daß «Non intendiamo dotarla dell'acqua», also: «Wir haben nicht die Absicht, Sie mit Wasser zu versehen», keineswegs heißt, daß man es nicht bekommt, sofern man es nur selbst holt. Ich unterschrieb die Erklärung.

«Kathrin Rüegg, hast du gewußt, daß du *so* ein Dummkopf bist?» fragte meine innere Stimme.

In den Wochen, die wir in unserm vermaledeiten Graben zubrachten, hätten wir eine wunderschöne Leitung von der Abzapfstelle auf dem Parkplatz bis zum Monte Valdo und noch ein ganzes Stück weiter fertiggebracht.

Der Gemeindesekretär fügte dann bei, daß ich mit den Grabarbeiten erst beginnen dürfe, wenn ich die Genehmigung schriftlich in Händen hätte. Er konnte mir nicht sagen, wie lange das noch dauern würde. Also schleppten wir eben unsere Kanister weiterhin. Hoffentlich würde es nie mehr eine so lange Trockenperiode geben, daß sich unsere Zisterne ganz leerte.

«Aber nicht wahr, wir schütten das Loch nicht wieder zu», bat mich Michelangelo.

«Vorläufig sicher nicht, aber wieso ist dir das so wichtig?»

«Ach, weißt du, dort gäbe es eine wundervolle geheime Schnapsbrennerei, die nie im Leben jemand finden würde.»

«Wann wirst du es endlich fertigbringen, einmal nicht nur an Alkohol zu denken?»

Wir beschlossen, nun ein weiteres Gartenstück zu roden. Da verstauchte ich meinen Fuß. Beim Geschirrwaschen. Auch das muß man können.

Unsere Freiluftküche

Ich hätte meine Küche gegen keine noch so raffiniert ausgebaute, airconditionierte, mit allen Schikanen versehene Einbauküche getauscht.

Es war mir schon bald nach Beginn meiner Hausfrauentätigkeit auf dem Monte Valdo zu mühsam geworden, die Lebensmittel und Wasserkanister im Keller zu holen und nachher wieder fortzuräumen, aus dem Haus zu gehen, um das Spülwasser auszugießen, zum Brunnen zu marschieren, um Abwaschwasser zu holen (solange es dort noch Wasser gab). Wir verlegten deshalb unsere ganze Küche kurzerhand ins Freie. Zwischen dem Stall und Michelangelos Haus war ein Brunnentrog, in den eine Regentraufe mündete. Aber es regnete ja nie. So stellten wir die Butangasbombe in den Trog. Der Kocher, Essig, Öl, meine Gewürze und das Salz kamen auf ein darüber gelegtes Brett, Geschirr und Abwaschbecken auf die Außentreppe zum Stall.

Die Höhe der Treppenstufe für das Abwaschbecken paßte mir nicht. Entweder war ich zu klein oder die Stufe zu hoch. Deshalb legte Michelangelo eine Steinplatte dorthin, wo ich mich seitlich zur Treppe jeweils aufstellte, um mein Geschirr zu spülen.

Und über diese Steinplatte glitt ich ab, fühlte einen so stechenden Schmerz in meinem Fußgelenk, daß mir die Tränen in die Augen schossen. Ich mußte mich mit dem gesunden Fuß und beiden Händen gegen Michelangelo wehren, der fand, «massaggi» würden hier am besten helfen.

Der Fuß schwoll an und schmerzte höllisch. Für eine

Weile war ich nun blockiert. Wohl oder übel mußte ich Michelangelo die Einkaufs- und Posttouren überlassen. Wenn nur keine Sauftouren daraus wurden!

Ganz im stillen war ich glücklich darüber, denn ich haßte diese Fahrten. Bei uns war es wenigstens am Morgen noch kühl, weil immer ein Lüftchen über die Berge strich. Wenn ich dann aber hinabtauchte in die Hitze, in die übervölkerte Stadt Locarno, halbstundenlang um die Piazza kreiste, bis endlich irgendwo ein Parkplatz frei wurde, dann bekam ich richtige Platzangst.

In der Hochsaison gab es nur ein einziges Geschäft, in dem ich gerne einkaufte: die Baumaterialhandlung. Sie kannten mich von meiner Lehrzeit bei Marco.

«Nun, Signorina mit der Maurerkelle, was darf es denn heute sein?» fragte der Verkäufer händereibend. Er war ein kraftstrotzender, hübscher Mann von etwa dreißig Jahren mit den allerschönsten Zähnen, die ich je gesehen habe. Seitdem ich ihm einmal eine Flasche Barbera verehrt hatte, wurde ich bedient wie eine Königin.

«Zwei Bund Holzleisten fünfundzwanzig mal fünfzig Millimeter, drei Bund Bodenbretter siebenundzwanzig Millimeter, alle fünf Meter lang, vier Rollen Dachpappe F2 und drei Rollen Glaswolle vier Zentimeter, per piacere.»

Dann entbrannte unweigerlich unser alter Streit:

«So, und wie gedenken Sie dies alles in Ihr Maschinchen zu stopfen?»

«Sie wissen ja, es geht immer. Schauen Sie sich doch meinen schönen Gepäckträger an.»

«Nein, heute tippe ich nicht auf Sie, ich würde bestimmt verlieren.»

Er stellte das Gewünschte vor mich hin und erwartete mit verschränkten Armen meine Anweisung für die fachgerechte Beladung. Ein paar andere Arbeiter schauten jeweils grinsend zu. Es war üblich geworden, Wetten abzuschließen, ob ich alle bestellte Ware in und auf mein Wägelchen brachte. Der Verkäufer hatte mir bis jetzt vertraut und immer gewonnen. Bei meiner Glaswollebestellung wurde er unsicher.

«Per bacco, ich habe verloren», rief er enttäuscht, «alles ist drin.»

Die Autofirma, die dieses kleinste Kombiauto erfand, hat bei mir ein Diplom gut.

Nun mußte Michelangelo nach Locarno. Eigentlich schadete es nichts, wenn er sah, daß das Einkaufen in den überfüllten Läden, das Parkplatzsuchen, die Hitze alles andere als vergnüglich waren. Hoffentlich kam er zum Mittagessen wieder heim.

Endlich konnte ich mich ausruhen, ohne schlechtes Gewissen wegen unerledigter Arbeit die Aussicht genießen, die Tiere beobachten – eigentlich Ferien machen. Und in fünf, sechs Tagen würde die Verstauchung geheilt sein.

August

Wilhelm Tell auf dem Monte Valdo

Ich hatte es schon früher so gehalten: am ersten August, dem schweizerischen Bundesfeiertag, wird bei mir nicht gearbeitet. Auch wenn alle andern Geschäfte offen waren, hatte ich jeweils ein Kärtchen «wegen Feiertag geschlossen» an die Schaufenster geheftet. Und hier sollte es nicht anders sein.

Zuerst erhielt Michelangelo seine tägliche Blockflötenlektion. Er wünschte sich sehnlich, dieses Instrument zu spielen. Seit bald einem Monat plagte er mich und ich ihn mit Musikunterricht. Aber er begriff es einfach nicht. Über den ersten Satz von «Quattro cavai che trottano», für den es nur zwei Töne, G und A, braucht, kam er nicht hinaus.

«Schwer ist das», seufzte er. «Ich habe immer geglaubt, man müsse nur die Worte eines Liedes in die Flöte sprechen, dann kämen vorn die richtigen Töne heraus.»

Aber er übte mit rührendem Eifer. Grano schmerzten offenbar die Ohren. Er jaulte leise.

«Siehst du, wie Grano meine Musik gefällt? Er singt mit.»

Gegen Mittag besuchten uns zwei alte, liebe Freunde, Ketti und Pitt. Sie kamen beladen mit zwei riesigen

Einkaufstaschen und einem ganzen Rucksack voll Wein und Bier. Und unterwegs hatten sie Ugo angetroffen, der ebenfalls mit ein paar Weinflaschen auf dem Weg zu uns war.

«Hurra, unser Grotto wird eingeweiht – und die Gäste bringen den Wein gleich selbst mit.»

Michelangelo war im Element. Er mußte doch unsern Freunden zeigen, wie gut er seine Sache als Wirt auf dem Monte Valdo machte.

Er tischte Käse auf, Brot und Salami und öffnete gleich drei der mitgebrachten Fiaschi. Sechs Liter Wein für fünf Personen. Das würde ja gut werden. Aber heute war schließlich der Tag des Rütlischwurs. Wenn es auch sechshunderteinundachtzig Jahre her war, es lohnte sich wie eh und je, ihn zu feiern.

Wir aßen, schwatzten, tranken und sangen, genossen das Lüftchen, das über den Platz strich, und fanden die Welt schön. Michelangelo schenkte fleißig nach. Sein Glas war oft leer, das der andern meist noch fast voll. Aber die sechs Liter Wein genügten nicht. Eine neue Flasche wurde geöffnet. Als sich unsere Gäste verabschiedeten, war Michelangelo wieder in dem Stadium, wo er Vokale kaum mehr aussprechen konnte.

Am Himmel zog ein Gewitter auf. Ich war müde, mein Fuß schmerzte entsetzlich, und zudem war ich wütend auf Michelangelo. Er merkte es und zog sich scheu in den Keller zurück.

«Schwapp», sagte der Korken, als er ihn aus der Flasche zog.

Zornausbrüche mit verstauchtem Fuß sind nicht sehr wirksam. Ich versuchte deshalb ein neues Mittel.

«Gute Nacht», sagte ich um sieben Uhr. «Ich mag nicht mit einem Betrunkenen den ersten August feiern.»

Ich humpelte in mein Zimmer, schloß geräuschvoll die quietschende Tür und kochte vor Wut.

Michelangelo kramte allerhand herum. Ich hörte, daß er die Butangasbombe verrückte, mit den Hunden sprach. Geschirr klapperte, ein weiterer Korken machte «schwapp». Durch eine Mauerritze spähend sah ich, daß Michelangelo auf dem Rand des Zisternenbrunnens saß, ein Glas in der Hand. Neben ihm lag die Blockflöte.

Wenn er nüchtern Flöte spielte, war es schon qualvoll genug. Aber sein Konzert zur schweizerischen Bundesfeier, dargeboten nach ich weiß nicht wie vielen Litern Wein, war grauenvoll. Trotz der Hitze verkroch ich mich in den Schlafsack und zog ihn auch noch über den Kopf. Ich döste. Schreckliche Alpträume verfolgten mich.

Vor dem Haus lärmte ein Menschenauflauf. Eine erregte Frauenstimme rief etwas. Ein Mann schien sich mit einem zweiten zu streiten. Ein dritter schrie: «Der Knabe lebt!» Dann schwirrten viele Rufe durcheinander. Von einem Apfel war die Rede.

Mochten die da draußen toben. Mochten sie meinetwegen Michelangelo umbringen. Nichts konnte mich dazu bewegen, wieder aus dem Schlafsack zu kriechen. Im Halbschlaf hörte ich dem Streit der Männer zu. Auf italienisch streiten, tönt viel dramatischer. Dann sagte einer etwas von einer «seconda freccia» – dem zweiten Pfeil. Ich erwachte, erinnerte mich an mühsames Auswendiglernen in der Schule:

«Du stecktest noch einen zweiten Pfeil zu dir. – Ja, ja, ich sah es wohl. – Was meintest du damit?»

Schillers Wilhelm Tell auf italienisch!

Das Radio sendete das Drama zur Feier des Tages, und Michelangelo hatte den Transistor auf höchste Lautstärke eingestellt, wahrscheinlich, damit ich auch etwas davon hätte.

Wütend schlug ich in Ermangelung eines würdigeren Opfers auf mein Kissen. Dann legte ich es über den Kopf und hielt mir obendrein die Ohren zu. Die ganze Welt konnte mir gestohlen werden. Inklusive Michelangelo, Friedrich Schiller und dem Wilhelm Tell.

Die Feuerwerke von Locarno und Ascona knallten auch durchs Kopfkissen. Es war drückend schwül. Wenn es doch nur endlich, endlich regnen würde.

Die Regenküche

Während der ganzen Nacht zuckten Blitze, hallten Donnerschläge. Doch der Regen kam nicht.

Michelangelo hatte unsere Küche vorsichtshalber ins Haus geräumt. Nach dem gestörten Schlaf und mit dem schmerzenden Fuß sollte ich nun auch noch die unbequeme Kocherei im Haus auf mich nehmen.

«Räum sofort alles wieder ins Freie», befahl ich ihm. Ich sagte nicht einmal «Bun di – guten Morgen».

«Wie du willst», antwortete er bescheiden. «Kochen ist schließlich deine Arbeit, und wenn es dir gefällt, naß zu werden...» Er zuckte mit den Schultern.

Kaum war alles wieder an seinem Platz, da begann es zu tröpfeln. Ich spannte meinen roten Schirm auf und hielt ihn über den Kocher, damit es nicht ins bald siedende Kaffeewasser regnete. Dann fand ich in der Mauer ein passendes Loch. Dort hinein steckte ich den Griff des Schirms.

Aus den Regentröpfchen wurden Tropfen und aus den Tropfen ein förmlicher Sturzbach. Aus der Traufe, die in den Trog mündete, auf dem der Kocher stand, spritzte das Wasser. Der Schirm hielt dem Regen nicht mehr stand, stürzte herunter, riß Salz, Öl, Essig, alle meine Gewürze und was ich sonst noch auf dem Brett aufgebaut hatte, mit sich. Die Flaschen schwammen wie führerlose Schiffchen im Brunnentrog herum, die Verschlußdeckel lösten sich, und – gluck – der Schiffbruch war geschehen.

Michelangelo schaute grinsend zu. Ich versuchte zuerst, meinen Ärger hinunterzuschlucken, dann den aufsteigenden Lachkrampf zu verbeißen. Er merkte es. Wir blickten einander an. Und dann lachten wir. Wir standen im strömenden Regen und lachten wie die Narren. Ein Teil des Wassers, das uns übers Gesicht lief, waren Tränen. In der Zisterne rauschte der von den Dächern abfließende Regen.

«Regne, regne», rief Michelangelo zum schwarzen Himmel. Ein greller Blitz und ein schmetternder Donnerschlag waren die Antwort. Es strömte und goß. Wir ließen uns durchnässen. Michelangelo holte seine sämtlichen Plastikeimer und stellte sie in einer Reihe auf.

«Damit putze ich mir während eines halben Jahres die Zähne, ich versprech's dir.»

Der Regen verwandelte das Erdreich auf dem Platz in einen bodenlosen Schlamm. Die Hunde patschten darin herum und schleppten einen schönen Teil davon ins Haus. Es regnete ununterbrochen während einiger Tage. Mein Fuß schmerzte immer mehr.

Schließlich hüpfte ich, gestützt von Michelangelo, auf einem Bein bis zum Auto. Im Spital von Locarno stellten sie fest, daß mein Knöchel nicht verstaucht, sondern gebrochen war. Ich bekam einen Gipsfuß und fühlte mich mitten im Sommer wie ein Ski-As.

Heimwärts hüpfen war viel einfacher. Dann legte ich mich auf ärztlichen Befehl ins Bett. Michelangelo übernahm auch meine Hausfrauenpflichten.

Als er von seinem nächsten Postgang zurückkam, brachte er ein zweimal umadressiertes Telegramm mit. Aus London.

Onkel Arthur schrieb:

«Ankomme Basel August 15. Gruß.»

Mein Onkel Arthur

In meinen Kinderjahren war Onkel Arthur eine sagenhafte Gestalt. Meine Mutter erzählte mir viel von ihrem älteren Bruder, der in jungen Jahren nach England ausgewandert war und in London einen fashionablen Damen-Frisiersalon führte. Herzoginnen und Gräfinnen seien seine Kundinnen, ja sogar die Königinmutter.

Wir erhielten von ihm jährliche Weihnachtsgrüße,

die aber nach Kriegsausbruch ausblieben. Meine Mutter fürchtete, er sei umgekommen.

Vor ein paar Jahren war in meinem Geschäft ein distinguiert gekleideter weißhaariger Herr mit gepflegtem Bart erschienen.

«You must be Kathrin Rüegg. You look exactly like your mother», stellte er fest.

Ich nickte.

Dann legte er zu meinem nicht geringen Erstaunen seine Hände auf meine Schultern und küßte mich rechts und links auf die Wangen.

«I am so glad to meet you. I am your uncle Arthur.»

Es stellte sich heraus, daß Onkel Arthur kein Wort Deutsch mehr sprechen konnte und auch nichts verstand. In Schweizerdeutsch war sein Wortschatz ebenfalls sehr gering: «Bohne mit Schpägg» und «Guete Daag». Damit hatte es sich. Seine Mutter – also meine Großmutter – hatte aus der französischsprechenden Schweiz gestammt. Französisch konnte er noch. Während des Krieges wollte er prinzipiell nicht mehr Deutsch sprechen, und so hatte er die Sprache einfach verlernt.

Er war ein schrulliges Männchen mit vielen kleinen Eigenheiten, die man auf schweizerdeutsch so liebevoll «Mödeli» nennt. So war er zum Beispiel immer peinlich exakt gekleidet. Ich sah ihn kaum je ohne Krawatte, nie mit dem kleinsten Fleckchen auf dem blütenweißen Hemd. Er haßte es, irgend etwas anzufassen, was nicht ganz, ganz sauber war. Er geriet in Verzweiflung, wenn irgendwo eine Fliege saß, und hatte eine unheimliche Fertigkeit, sie mit der bloßen Hand zu fangen.

«You dreadful fly – du gräßliche Fliege», sagte er dann zu dem armen Tier und zerquetschte es mit ein paar mahlenden Handbewegungen, die mir einen Schauer über den Rücken jagten. Nachher verschwand er eine gute Viertelstunde lang, «um sich zu desinfizieren».

Der Pflege seines Bartes widmete er mehr Zeit als eine sehr eitle Frau dem kunstvollsten Make-up.

Onkel Arthur besuchte mich nun jedes zweite Jahr. Bei seinem dritten oder vierten Aufenthalt in der Schweiz verpaßte er mich, weil er unangemeldet hereinzuschneien pflegte. Ich konnte ihm dann beibringen, daß eine Voranzeige seines Besuches unbedingt nötig sei.

Zu Neujahr hatte ich ihm wohl ein Kärtchen geschickt, aber vergessen, ihm meine neue Adresse anzugeben. Wie gut, daß ich meine Freundin Helen in Basel hatte.

Ich setzte ein Telegramm an sie auf mit der Bitte, Onkel Arthur am 15. August am Flughafen abzuholen und in den nächsten Zug nach Bellinzona zu setzen. Dort würde ihn ein schwarzbärtiger Mann in rotem Hemd und Blue jeans erwarten.

Sehr gut fühlte ich mich nicht beim Gedanken, Michelangelo nach Bellinzona zu beordern und dort womöglich stundenlang auf Onkel Arthur warten zu lassen. Anders konnte ich es aber nicht machen, denn der Arzt hatte mir strengste Bettruhe befohlen.

Ich gab Michelangelo mit tausend Ermahnungen zehn Franken fürs Benzin und den Autoschlüssel. Er marschierte vergnügt davon.

Es dunkelte bereits, als zwei schaurig schöne Männerstimmen durch den Wald hallten. Einer sang «O sole mio», der andere «It's a long way to Tipperary», beides gleichzeitig natürlich. Sie erschienen Arm in Arm. Michelangelo beleuchtete den Weg mit einer Sturmlaterne.

Die beiden Männer hatten sich sofort gefunden. Weil es heiß war, hatte Onkel Arthur Michelangelo zu einem Bier eingeladen. Und aus einem Bierlein seien dann eben noch ein paar weitere geworden. Bier heißt schließlich in allen Sprachen ähnlich.

«What a nice place», sagte Onkel Arthur, als er sich zum Abendessen niedersetzte. «Nur – der Weg hierher ist nicht besonders bequem. Wenn ich nicht unbedingt muß, werde ich nicht so schnell wieder weggehen. Übrigens – ist dieser Mann nicht ein bißchen zu ungezähmt und – hm – zu jung für dich?» Er wies auf Michelangelo, der sich vergnügt eine zentimeterdicke Salamischeibe abschnitt.

Nun gab es viel zu erzählen. Onkel Arthur war der Meinung, ich verbringe auf dem Monte Valdo bloß meine Sommerferien. Es brauchte viele Erklärungen, bis er über alles genau im Bilde war. Ich hätte es richtig gemacht, fand er.

Onkel Arthurs Unterkunft war im Wohnzimmer unter meinem Schlafraum eingerichtet, wo Michelangelo während der Regentage den rußgeschwärzten Verputz abgeschlagen hatte. Die rohen Mauern sahen sehr schön aus. Verglaste Fenster gab es allerdings noch immer nicht.

Michelangelo stellte Onkel Arthur sein Bett zur Verfügung und schlief jetzt auf einem ebenso knarrenden Liegestuhl wie ich.

Daß es primitiv sei, störe ihn nicht, tröstete mich Onkel Arthur, es gebe nur ein sehr heikles Problem: «Your water-closet without water is not very comfortable, ich brauche mit meinen sechsundsiebzig Jahren etwas, worauf ich mich niederlassen kann.»

Michelangelo hämmerte und sägte bis um Mitternacht. Dank Onkel Arthur kamen wir zum Luxus, uns am bewußten Örtchen sogar setzen zu können.

Meine Sorge, Onkel Arthur werde sich langweilen, erwies sich als höchst unbegründet. Er vermißte zwar seine tägliche «Times» und suchte am ersten Morgen vergeblich den Stecker für seinen elektrischen Rasierapparat.

«Macht nichts, Regenwasser ist gut für die Haut, und sicherheitshalber habe ich immer noch Seife und ein Messer bei mir.»

Einen halben Herrensalon kramte er hervor: Serviette und Spiegel, einen Lederriemen, um das Messer zu schleifen, und ein Scherchen. Dann suchte er den bestgeeigneten Platz für seine Toilette und installierte sich schließlich unter der Stalltreppe. Dort sei das Licht am besten.

Michelangelo war förmlich empört, daß man wegen eines Bartes solche Zeremonien durchführen müsse. Seiner sei praktischer. Er habe ihn seit seinem letzten Geburtstag am achtzehnten September des letzten Jahres nicht mehr berührt. Und die Haare auch nicht.

Das Verhalten der beiden so verschiedenen Männer war drollig. Jeder war ein bißchen eifersüchtig auf den andern. Infolge der verschiedenen Sprachen blieb diese

Eifersucht auf Bemerkungen beschränkt, die sie über einander zu mir machten. Nach ein paar Tagen hatte sich das aber gelegt, und wir bildeten ein fröhliches Trio. Wenn sie sich von mir unbeobachtet glaubten, versuchten sie auch, sich zu verständigen, und taten das mit Augen, Händen und Füßen.

Die Tiere waren Onkel Arthurs großes Glück. Bimbo darling, Susi darling, Grano darling und Bona darling interessierten sich sehr für das neue Mitglied unserer Familie. Michelangelo und ich zählten nicht mehr. Onkel Arthur beschäftigte sich vom Morgen bis zum Abend mit ihnen. Einzig wenn er auf Schmetterlingsfang ausging, waren sie sich selbst überlassen.

Als Junge habe er eine Schmetterlingssammlung besessen, erzählte er mir. Er war außer sich vor Freude, als er die Schwärme der vielen Falter sah, und wünschte sich sehnlichst ein Schmetterlingsnetz. Michelangelo suchte sämtliche Läden in Bellinzona, Locarno und Ascona danach ab, aber das gab es nirgends mehr zu kaufen. Onkel Arthur entschloß sich, nächstes Jahr Schmetterlinge zu züchten.

Er wußte, daß diese hübschen Geschöpfe am liebsten Appenzellerkäse riechen. Michelangelo brachte uns ein Stück. Wir legten es auf ein Tellerchen, und wirklich, bald darauf ließ sich ein wunderschöner Falter darauf nieder. Die Unterseite der Flügel war unregelmäßig braun-schwarz-weiß gestreift, gegen den Saum zu leuchtete ein schwarzes Auge aus einem goldgelben Fleck. Die Oberseite war dunkelbraun mit weißen Punkten. Wenn der Schmetterling die Flügel bewegte, verwandelte sich das Dunkelbraun in ein sattes Violettblau.

«Das ist ein Männchen der ‹Apatura iris›», erklärte mir Onkel Arthur. Als ich dann von meinem Bruder zu Weihnachten ein Schmetterlingsbuch geschenkt bekam, fand ich heraus, daß diese Art auf deutsch Schillerfalter heißt.

Dann gab es Perlmutterfalter, Trauermäntel, Pfauenaugen, Schachbrettfalter, Schönbären, Nessel- und Zitronenfalter, Wolfsmilch- und Oleanderschwärmer. Einer mit Fühlern wie Radarantennen hieß Nagelfleck.

Ich verbrachte meine Liegezeit damit, bei Onkel Arthur Unterricht in Schmetterlingskunde zu nehmen. Bei vielen Arten sagte er mir, sie seien sehr selten.

Mein Schmetterlingsparadies mußte ich hüten. Ich würde in meinem Garten niemals Schädlingsbekämpfungsmittel anwenden. Zum Naturschutzgedanken gesellte sich auch die Überlegung, daß Monte Valdo wohl bald als einziger Ferienort der Schweiz seinen Gästen den Anblick so vieler Schmetterlingsarten bieten konnte.

Abends spielten wir Schach; Onkel Arthur war ein schlechter Verlierer und konnte sich stundenlang ärgern, wenn er sich eine Blöße gegeben hatte. Nachdem es mir zweimal hintereinander gelungen war, ihm einen ungedeckten Turm einfach wegzuschnappen, wurde er unendlich vorsichtig und brütete während Ewigkeiten über seinem nächsten Zug. Dann umflatterte ein Oleanderschwärmer oder sonst ein Insekt die Petrollampe. Onkel Arthur eilte, es vor dem sengenden Licht zu retten, machte vorher in der Hast irgendeinen unbedachten Zug auf dem Schachbrett, und schon war er matt.

«Oh, damned, damned, damned», brummte er dann in seinen Bart, «what a fool I am.»

Um ihm die Sache einfacher zu machen, spielte ich nun am Anfang einer Partie so, daß er mir die Dame rauben konnte. Das war sein höchstes Glück. «Jetzt wird's spannend.»

Michelangelo saß ein wenig verloren daneben, versuchte, unser Spiel zu verstehen. Meine Erklärungen waren aber so nutzlos wie der Flötenunterricht.

Als Michelangelo aus dem Garten den abgebrochenen Zweig einer Tomatenstaude brachte, der voller grüner Früchte hing, entdeckten wir ein anderes Talent Onkel Arthurs.

«Je me souviens que ma mère faisait une confiture délicieuse», sagte er zu mir. Wenn er von seiner Mutter sprach, verfiel er immer ins Französische.

«Roba da matt – verrücktes Zeug – aber doch nicht aus grünen Tomaten», protestierte Michelangelo, als ich ihm Onkel Arthurs Vorhaben auseinandersetzte und ihn bat, noch ein paar Tomaten mehr aus dem Garten zu bringen.

Auf unserer nächsten Einkaufsliste standen neben viel Zucker ein paar Gewürze und Zitronen.

Onkel Arthur zerschnitt mit peinlicher Sorgfalt die diversen Ingredienzien und setzte sie aufs Feuer. Der Duft, der seinem Gebräu entströmte, erinnerte stark an Schweinefutter. Michelangelo und ich waren skeptisch. Stundenlang brodelte es im Topf, feierlich wurde die Konfitüre schließlich in Trinkgläser abgefüllt, die unser Koch mit Cellophanpapier und einem Gummiband verschloß. Ein einziges Glas ließ er offen für Versuchszwecke am morgigen Frühstückstisch. Die andern stellte er in den Keller.

Es muß gesagt sein: die Confiture de ma grand-maman war délicieuse.

«Mia maa – nicht schlecht», sagte Michelangelo. Er, sonst allem Süßen abhold, löffelte sich ein ganzes Fuder aufs Butterbrot, so dick, daß es ihm rechts und links vom Mund in den Bart tropfte.

Gut, daß wir einen Vorrat davon hatten.

Leider muß auch gesagt werden, daß Onkel Arthur mir ein paar Tage darauf die in den Keller gestellten Gläser schreckensbleich ans Bett brachte. Sie waren alle leer. Das ringsum überstehende Cellophanpapier und das Gummiband waren die einzigen Reste. Sonst waren die Gläser so sauber, daß man sie nicht einmal abzuwaschen brauchte. Ein hübsches, graues Tierchen mit einem buschigen Schwanz sei davongehuscht, berichtete Onkel Arthur. Susis Freund, dem Ghiro aus dem Mauerloch, schien Onkels Konfitüre so zu munden wie uns.

September

Eine Bank kracht

Onkel Arthur verschob seine Abreise immer wieder. Wir konnten uns schon gar nicht mehr vorstellen, wie es ohne ihn sein würde. Viele kleine Arbeiten hatte er still übernommen. Er wusch das Geschirr, wischte die von den schmutzigen Hundepfoten immer staubigen Fußböden auf, goß die Tomaten und stritt sich mit Michelangelo um die Ehre, die Tiere zu füttern. Er war es auch, der ein System erdachte, mir mit vier Litern Regenwasser die Haare zu waschen. Man mußte nur ein Viertel der üblichen Shampoomenge verwenden, das ablaufende Wasser in einem Becken wieder auffangen und so mindestens zweimal verwenden. Es ging wunderbar.

«Hier ist es so grün, und London ist so grau», sagte er einmal wehmütig. Aus vielen seiner Bemerkungen schloß ich, daß er äußerst bescheiden lebte. Er bediente ein paar seiner alten Kundinnen in ihren Häusern. Ganz geheim hoffte er, die Herzogin von Stoneville werde ihm eine Rente hinterlassen.

«Aber sie will einfach nicht sterben», jammerte er. «Jetzt ist sie schon sechsundachtzig Jahre alt. Seit einundfünfzig Jahren lasse ich mich zweimal wöchentlich von ihr schikanieren.»

«Komm doch ganz zu uns», schlug ich ihm vor. «Wegen meiner Frisur wirst du nie geplagt.»

Er wollte sich's überlegen, hatte aber einige Bedenken, wenn er daran dachte, auch den Winter hier verbringen zu müssen.

Auch meine Gedanken beschäftigten sich mit den kommenden Monaten. Michelangelo hatte zwar fleißig alles dürre Holz im Wald gesammelt und im Stall einen großen Holzstoß errichtet. Ich war dafür, einen Ofen zu kaufen. Michelangelo dagegen glaubte, der Kamin genüge. Er sei immer noch viel wärmer als die Telefonkabinen bei der Post in Locarno. Er vergaß, daß ich keine Erfahrungen im Übernachten in solchen Unterkünften hatte.

Der Ofen stand im Budget, genau wie der Generator, den ich nun bestellen wollte. Sobald mein Gipsfuß es zuließ, konnte ich mit den Installationsarbeiten beginnen.

Ich war daran, den Auftrag für Kabel, Stecker, Schalter und Sicherungen zu schreiben, als Michelangelo, von der Post zurückkommend, die Zeitungen brachte. In dikken Schlagzeilen stand darin, daß die Sparbuchbank AG den Konkurs angemeldet hatte. Dort war fast mein ganzes Vermögen angelegt – und das war jetzt futsch!

Nun konnte ich den Generator in den Schornstein schreiben, das Schwimmbad dazu, auch den schönen Butangasherd mit Backofen und den Eisschrank. Die Prospekte dafür waren mit der gleichen Post angekommen. Onkel Arthur saß glückstrahlend mir gegenüber und wollte mir irgend etwas Freudiges mitteilen. Michelangelo hatte ihm einen Brief gebracht.

Als er mich ansah, hielt er inne: «O dear, was ist denn geschehen? Fühlst du dich schlecht?»

Michelangelo kam schon mit der Grappaflasche und einem Weinglas. Ein Cognac wäre mir lieber gewesen oder ein doppelter Whisky.

Ich stürzte Michelangelos Medizin hinunter. Dann übersetzte ich den Inhalt der Zeitungsnotiz erst ins Englische und dann ins Italienische, jeweils mit meinem Kommentar versehen.

«Damned, damned, damned», sagte Onkel Arthur. Er war so erschüttert, daß er die Fliege nicht beachtete, die über seine Hand kroch. Er schenkte sich auch ein Glas Grappa ein.

«Cristo, Madonna», sagte Michelangelo.

Er trank drei doppelte Schnäpse und schüttete den restlichen Inhalt der Flasche in mein Weinglas. Viel war es nicht mehr.

In Onkel Arthur mußten ungeahnte Reserven von Kampfesgeist stecken. Sogar sein Bart reckte sich kriegerisch nach vorn.

«Nur nicht verzweifeln, jetzt wird gekämpft», tröstete er mich und streichelte mir die Hand. Michelangelo, der mir gegenüber saß, fuhr sacht über meine andere Hand. Beinahe hätte ich trotz meines Elends gelacht. Was konnte mir schon passieren, wenn mir ein vermögensloser alter Onkel und der noch ärmere Michelangelo beistanden und mir sogar die Hände streichelten?

Onkel Arthur nahm den silbernen Drehstift, der immer in seiner Hemdtasche steckte, und legte die Zeitung mit der Hiobsbotschaft so vor sich hin, daß er den Rand für Notizen brauchen konnte.

«Wieviel bleibt dir noch übrig?»

«Ich weiß nicht genau, etwa zehntausend Franken.»

Onkel Arthur malte sorgfältig eine Eins und vier Nullen aufs Papier. Darunter setzte er die Zahl zweitausend.

«Was soll denn das sein?» fragte ich.

Er legte den Brief aus England vor mich hin. Ich las:

«Dear Sir,

Es freut uns, Ihnen mitzuteilen, daß wir Ihnen für die beiden Katzenfotos ‹Her Majesty the Cat› und ‹Bimbo Darling› den ersten Preis unseres diesjährigen Fotowettbewerbs zusprechen können. Einen Scheck über zweihundert Pfund legen wir hier bei.

Very truly yours,
Katzenklub des Vereinigten
Königreichs
Der Präsident:
Lord Samuel Kimberley»

«Please excuse me», sagte ich zu Onkel Arthur, und «Scusi» zu Michelangelo. Dann erst legte ich den Kopf auf die Arme und heulte...

Längst hatte ich vergessen, daß mich Onkel Arthur bald nach seiner Ankunft um die Filme der beiden Fotos gebeten hatte. Ein Bild zeigte Susi Stäubli, wie sie in Froda am Fenster saß, den Blick kühl abwägend direkt dem Betrachter zugewandt. Den Titel «Ihre Majestät die Katze» hatte Onkel Arthur erfunden. Wahrscheinlich war der schuld, daß meine Fotografie so gut bewertet wurde.

Ihre Majestät, das Susi Stäubli! Jetzt lachte ich mit tränenverschmiertem Gesicht.

«Bimbo Darling» war ein süßes Bild, fast eine Reklame für irgendeine feine Schokolade. Es zeigte das Bimböli im Alter von sechs Wochen auf der Stalltreppe: ein rosarotes Näslein, zwei himmelblaue, erstaunt blikkende Augen, eines der Vordertätzchen adrett nach außen gedreht. Die weit abstehenden Schnurrhaare und die langen weißen Haare, die den innern Ohrrändern entlang wuchsen und sich gegen den dunkeln Hintergrund abhoben, gaben dem Bild etwas so Plastisches, daß man glaubte, das Kätzchen streicheln zu müssen.

Aber nie hätte ich daran gedacht, mit meinen Fotos einen Preis zu erringen. Auch daran war Onkel Arthur schuld.

Der große Kriegsrat tagt

Onkel Arthur klopfte mit seinem silbernen Bleistift ans leere Grappaglas.

«Silentium», sagte er. Auch Michelangelo verstand, daß eine wichtige Sitzung im Gang war.

«Wir müssen uns jetzt anstrengen und nach weiteren Erwerbsquellen forschen.»

Er wandte sich zu mir:

«Wie lange, glaubst du, werden wir mit den zwölftausend Franken leben können?»

Ich holte mein Haushaltungsbuch. Meine Mutter hatte mir beigebracht, daß man sorgsamer wirtschaftet, wenn man die Ausgaben aufschreibt.

Für Nahrung brauchte ich in der Woche durchschnittlich hundert Franken.

«Inklusive Tiere?» fragte der Präsident der Sitzung streng.

«Jawohl.»

Er notierte diese Zahl auf dem gegenüberliegenden Zeitungsrand.

Michelangelo bekam pro Woche zehn Liter Barbera (ich hatte seine Ration erhöht, weil er so fleißig war). Das kostete vierundzwanzig Franken. Und eine Flasche Grappa, für die bezahlte ich sechzehn Franken. Die fünf Liter Vino da pasto für Onkel Arthur und mich stellten sich auf etwa acht Franken. Das gab total rund einhundertfünfzig Franken pro Woche.

«Von jetzt an trinke ich eben auch ‹Ving da past›», sagte Michelangelo. Wenn ich bedachte, wie sehr er meinen Wein immer verspottete, konnte ich das Opfer nicht hoch genug einschätzen.

Wir notierten alles: Krankenkasse, Versicherungen, Portospesen, Steuern, Kleiderausgaben. Onkel Arthur erinnerte sich noch daran, daß die Katzen gegen Katzenseuche und die Hunde gegen Staupe geimpft werden mußten. Auch dieser Betrag wurde im Budget eingeplant.

«Und wieviel verdient Michelangelo?»

Ja, das war so eine Sache. Michelangelo wollte nämlich von Anfang an keinen Lohn. Ich wußte auch, daß Geld für ihn nicht das richtige war. Wir einigten uns so, daß ich monatlich einen Teil seiner Schulden abstotterte. Und Schulden hatte er! Es verging kaum eine Woche, daß er nicht einen eingeschriebenen Mahnbrief erhielt.

Wenn wir mit diversen Unbekannten rechneten,

würden die zwölftausend Franken doch ausreichen, um ein Jahr lang zu leben. Es ging aber nicht nur darum. Wir mußten auch Geld beschaffen für die Instandstellung der Häuser. Wehmütig dachte ich an den Esel und die Gärtnerin. Mußte ich auch die unter meinem zusammengestürzten Kartenhaus begraben?

Michelangelo hob die Hand.

«Signor Presidente, ich hätte ein paar Vorschläge.»

Onkel Arthur nickte wohlwollend.

Bald würden die Kastanien reif sein. Einen Franken verlangten sie in Locarno für hundert Gramm gebratene Marroni. Wenn wir uns daran machen würden, Kastanien zu sammeln, hätten wir in ein paar Tagen eine ganze Tonne beisammen. Michelangelo erbot sich, irgendwo im Tal als Marronimann zu amten. Wenn hundert Gramm einen Franken kosteten, dann ergäbe eine Tonne... Er verhedderte sich in vielen Nullen.

«Kastanienvorschlag wird zur Prüfung angenommen», bestätigte Onkel Arthur.

Vorschlag Nummer zwei Michelangelos jagte mich vom Stuhl:

«Die Caterina sitzt so oft an der Schreibmaschine. Sie könnte doch pornographische Geschichten schreiben. Ich weiß, daß man mit Pornographie viel Geld verdienen kann.»

Onkel Arthur hatte nur «Caterina» und «Pornographie» verstanden. Er starrte mich sprachlos an.

Ich aber nagelte Michelangelo fest: «So, und wieso weißt du, daß man mit Pornographie reich werden kann?» Endlich hatte er etwas verraten, das offenbar mit seinem früheren Leben zusammenhing.

Er konnte so schön erröten, der Fachmann für Pornographie!

«Eh, ja, das war so, weißt du», stotterte er. Aus der etwas unzusammenhängenden Geschichte entnahm ich, daß es in der Nähe der Acquaverde-Mündung im See kleine Inselchen gab, die von Liebespärchen aufgesucht wurden. Ein paar große Schlaumeier und Geschäftemacher hatten in den alten Bäumen Filmapparate mit Teleobjektiven installiert. Michelangelos Aufgabe war es gewesen, die Jagdbeute in den Bars von Ascona zu verkaufen.

«Dick habe ich verdient dabei. Aber dann schnappten sie mich.» Zwei Jahre Gefängnis hatte ihm das eingetragen. Seine Auftraggeber wurden nicht erwischt. Das wurmte ihn mächtig. Ein Teil seiner Alkoholsucht ließ sich vielleicht dadurch erklären.

Zu meinem Leidwesen nahm Onkel Arthur auch den Pornographievorschlag zur Prüfung entgegen. Mit Vorbehalt allerdings.

Jetzt hob ich die Hand auf.

«Ich könnte während der Wintersaison in einem Wintersportort als Sekretärin arbeiten. Leute mit Sprachkenntnissen sind gesucht.»

«So, und wer hilft mir, die Bäume zu fällen, deren Holz wir für die Geländer, Zäune und Dächer brauchen? Dagegen erhebe ich Einspruch.» Michelangelo wurde energisch.

«Dem Einspruch wird stattgegeben», bestätigte Onkel Arthur. «Michelangelo hat recht.»

Nach einigem Nachdenken fügte er bei: «Und den Marronimann-Vorschlag lehnen wir ebenfalls ab. Wir müssen Arbeit finden, die sich neben unserm üblichen Tagesprogramm hier durchführen läßt. Sonst haben wir schließlich auf dem Monte Valdo noch eine Unterkunft; aber die Instandstellung der Häuser geht nicht weiter, die Wasserleitung wird überhaupt nie gegraben – und schließlich schläft das Dörfchen wieder ein.»

Michelangelo tröstete er noch mit der Frage, ob er je schon einen reichen Marronimann gesehen habe.

Dann unterbreitete der Präsident des Kriegsrates selbst einen Vorschlag, den wir schließlich als ersten einstimmig und ohne Vorbehalt annahmen:

«Wie wäre es, wenn wir versuchen würden, die Confiture délicieuse de la grand-maman in einem Delikatessengeschäft zu verkaufen?»

La vera marmellata del Monte Valdo

Unsere Tomatenstauden hingen immer noch voller Früchte. Wir pflückten die grünen, und Onkel Arthur kochte ein paar Kilo Konfitüre.

Er stutzte Michelangelo die Haare und den Bart, dann warf sich der neu ernannte Vertreter der Monte-Valdo-Konfitürenfabrik SA in den Sonntagsstaat.

In Ermangelung genügender Gläser hatten wir unsere Tazzini gefüllt. Offenbar war es diese Verpackungsart, die den Besitzer des großen Delikatessengeschäftes in Locarno zu einer Bestellung bewog. Es waren in verschiedenen großen Schweizer Städten Werbewochen für Tessiner Spezialitäten geplant. Eine echte Tessiner Konfitüre, verpackt in ein echtes Tessiner Trinkgefäß, das hatte noch gefehlt. Die erste Bestellung lautete auf 2000 (zweitausend!!) Tazzini, gefüllt mit «La vera marmellata del Monte Valdo». Stückpreis für Wiederverkäufer zwei Franken zwanzig.

Niemand brauchte zu erfahren, daß das Rezept von einer Großmama aus Coppet stammte und der Koch beinahe ein Engländer war.

Die Tomaten jedenfalls waren echt. Wir erhielten sie meist gratis von den Bauern aus Sassariente und Umgebung. Die waren froh, ihre Felder räumen zu können. Kopfschüttelnd fragten sie, was wir damit denn tun wollten.

«Schweine mästen», sagte Michelangelo. Er wurde nicht einmal rot dabei.

Mit den Tazzini war es schwieriger. Ich fand wohl den Grossisten, der sie an alle die kleinen Dorfgeschäftchen verkaufte. Er hatte aber nur noch dreihundert Stück an Lager. Lieferfrist für die restlichen tausendsiebenhundert – acht Wochen! Bis dann waren unsere Tomaten verdorben.

Es ist unsere Schuld, daß in diesem Herbst weder im Acquaverde-Tal noch im Gambarogno, noch in Locarno oder Bellinzona Tazzini erhältlich waren! Wir grasten alle großen und kleinen Geschäfte ab und kauften jeweils den ganzen Bestand. Michelangelo war eine unschätzbare Hilfe, weil er mit südländischem Talent und Temperament feilschte. Ich habe das in meinem Leben noch nie gekonnt.

Zweihundertfünfzig Kilo Tomaten, zweihundertfünfzig Kilo Zucker und die zweitausend Tazzini schleppten wir auf unsern Berg, dazu die übrigen Zutaten, die ich nicht verraten darf, weil Onkel Arthur sein Rezept heilighält.

Wir schafften uns zwei große Pfannen an und eine Reservebombe Butangas. Maria aus Froda lieh mir ihre Fünf-Kilo-Küchenwaage. Eine schöne Etikette, die Michelangelo gezeichnet hatte, war im Druck.

Der Stall wurde zur Konfitürenfabrik. Wir bedeckten die Wände mit Plastik, legten ein ebenfalls mit Plastik bezogenes Brett auf die Futterkrippe, trugen vorerst sechzig Liter Trinkwasser her und wuschen unsere Tazzini. Onkel Arthur ernannte sich selbst zum Lebensmittelinspektor und kontrollierte jedes einzelne Gefäß beinah mit der Lupe, ob es sauber gewaschen und sauber abgetrocknet sei.

Dann kam seine Arbeit, bei der wir ihm nicht helfen durften. Sie sei zu delikat, sagte er. Er wog zweimal fünf Kilo unserer Früchte und zweimal fünf Kilo Zucker ab und begann mit seiner Kocherei.

Neun Tage lang qualmte der Dampf aus der Stalltür. Der Geruch war entsetzlich. Michelangelo und mir wurde übel. Einzig Onkel Arthur hielt mit blendendweißer Schürze und seinem Kochlöffel ohne ein einziges Wort der Klage durch.

Jeden dritten Tag lieferten wir unsere Produktion ab.

Dann kam die Abrechnung. Wenn wir alle unsere Spesen in Betracht zogen, aber keinen Arbeitslohn rechneten, hatten wir zweitausendvierhundertdreiundfünfzig Franken rein netto verdient.

«Siehst du», sagte Onkel Arthur stolz, «wofür so ein alter Onkel gut sein kann.»

Der berühmte Silberstreifen am Horizont hatte bei mir die Form eines Esels...

Ich gab Onkel Arthur einen Kuß auf die Nase.

«Aber ich», sagte Michelangelo, «ich esse in meinem ganzen Leben nie mehr einen Löffelvoll Tomatenkonfitüre.» So undankbar war er.

Oktober

Die vergessenen Désirées

Ende September hatten wir unsere Kartoffeln ernten wollen. Die Bankkatastrophe und die Marmellata hatten unser Programm jedoch gründlich auf den Kopf gestellt. Das Laub der Désirées war seit gut zwei Wochen abgefault. Gemäß meinem Gartenbuch war es also höchste Zeit, mit der Ernte zu beginnen. Wir hatten unsere Ungeduld gezügelt und nie eine Staude ausgezupft. Ob unsere Ernte ergiebig sein würde?

«Fang du an», sagte Michelangelo.

Sechzehn Kartoffeln hingen an der ersten Pflanze. Sie waren wie kleine rosa Schweinchen, mit wunderschön glatter Haut.

«Darf ich auch helfen?» fragte Onkel Arthur bescheiden. Er mochte ja sonst keine Arbeiten, bei denen man die Hände beschmutzt. Aber unsere Kartoffeln zu ernten, war keine Arbeit. Es war wie Goldgräberei, wenn man weiß, daß Gold da ist. Jeder wollte den andern mit seinen Pflanzen überbieten.

«Che bella Désirée», rief Michelangelo und hob mir eine besonders schöne Knolle entgegen.

«Nineteen potatoes», schrie Onkel Arthur, «oh, no, that's impossible, look at that.»

Sogar die Hunde wurden von unserem Eifer angesteckt. Sie gruben mit den Vorderpfoten in dem von uns schon abgeernteten Teil des Äckerleins und suchten nach den zurückgebliebenen Kartoffeln. Sie fanden noch etliche.

Wir wischten die gröbste Erde ab und sortierten sie gleich nach der Größe. Die kleineren waren für «patati in camisa», wie man im Tessin die Schalenkartoffeln nennt. Onkel Arthur brachte Marias Waage. Aus fünf Kilo Saat waren in der Erde, der Sonne und dem Regen des Monte Valdo zweiundneunzig Kilo geworden!

«Rechne mit einem zehnfachen Ertrag», hatte Heini geschrieben. Wenn er nun das hörte!

«Jetzt ist es ganz gewiß, daß wir die dümmsten Bauern weit und breit sind», sagte Michelangelo.

Daß er doch immer das letzte Wort haben mußte!

Und nach der Konfitüre die Pornographie

Es regnete. Unser Platz hatte sich in eine Schlammgrube verwandelt. Das Wasser schwemmte die schönen, bunten Herbstblätter weg. Wir waren alle ein wenig melancholisch. Onkel Arthur mit seiner «Times» und die Tiere saßen am flackernden Feuer. Michelangelo malte, ich strickte. Ein friedliches Bild.

«So, Caterina, jetzt kommst du dran.» Michelangelo startete offenbar einen Angriff.

«Mit was, wenn ich bitten darf?»

«Denk an die Pornographiegeschichte, die du zu schreiben versprochen hast.»

«Oeh!»

Dieser Tessiner Ausruf ist ungemein vielseitig. Je nachdem, ob man ihn ausklingen läßt oder abrupt abbricht, lang auszieht und dann hinten noch ein E anhängt, ersetzt er ein ganzes Vokabular des Erstaunens, des Entsetzens, der Empörung oder des Entzückens.

Mein «Oeh» bedeutete eindeutiges Entsetzen.

Michelangelo konnte furchtbar hartnäckig sein. Er plagte mich so lange, bis ich meine Schreibmaschine hervorkramte und darauf herumklapperte, nur damit er mich in Ruhe ließ.

Irgendein inneres Stimmchen stupste mich. «Versuch's doch mal», sagte das leidige Ding.

«Aber ich habe doch kein Talent dazu», antwortete ich ihm.

«Das kannst du nicht wissen, denn du hast es noch nie probiert», entgegnete das Stimmchen. Es war offenbar so hartnäckig wie Michelangelo.

Ich erinnerte mich an eine gestörte Nacht in Froda und schrieb darüber folgende Geschichte:

Die Nacht selbdritt

Genau weiß ich nicht mehr, weshalb ich auf diese ausgefallene Idee kam. Daß alles so schiefging, ist sicher zum Teil auch Hudels Schuld.

Angefangen hat es damit, daß ich mich entschloß, mit Susi zu schlafen, weil ich mich einsam fühlte und nach ein wenig Wärme sehnte. Mit seiner unglaublichen Intuition erriet Hudel aber mein Vorhaben.

«Nimm mich auch mit», bettelten seine braunen Augen.

«Was meinst du dazu?» fragte ich Susi.

Aber sie war gerade damit beschäftigt, ihr hübsches Frätzchen im Spiegel zu betrachten, und gab keine Antwort. Offenbar war es ihr egal, ob wir die Nacht zu zweit oder zu dritt verbrachten. Man kommt nie ganz dahinter, was dieses Weibsbild denkt.

Ich machte ausgiebig Toilette. Schließlich gehört sich das.

Als Susi und ich ins Schlafzimmer kamen, lag Hudel schon im Bett. Er hatte sich quer so über die ganze Breite drapiert, daß wohl die schlanke Susi noch neben ihm Platz hatte, ich aber offenbar meine Schlafstatt irgendwo anders suchen sollte. Das paßte mir gar nicht. Schließlich war es meine Idee gewesen, mit Susi zu schlafen. Ich schubste ihn.

«He, geh ein bißchen auf die Seite.»

Er schaute mich an, gähnte ungeniert und rollte sich auf den Rücken. Ich packte ihn an den Beinen und drehte ihn so, daß er längs im Bett lag. So hatten auch Susi und ich noch Platz. Susi schlüpfte zu mir unter die Decke und hatte ein diebisches Vergnügen daran, ihre kleinen kalten Füße an meinem Bauch zu wärmen.

Sanft streichelte ich ihren Rücken. Sie gab eine Reihe von Tönen von sich, die wohl höchstes Entzücken ausdrücken sollten. Dann schliefen wir alle drei ein.

Bald erwachte ich wieder. Hudels Schnarchen hatte mich aufgeschreckt. Er sägte, keuchte und röchelte.

«Nun ja, er ist schließlich auch nicht mehr der Jüngste», entschuldigte ich mich bei der inzwischen auch aufgewachten Susi. «Lassen wir ihn eben schnarchen und vergnügen wir uns ein bißchen.»

Susi hat so ihre eigenen Ansichten, wie man sich vergnügen kann. Sie schlüpfte unter der Decke hervor und hopste wild auf dem Bett herum. Zwischendurch machte sie Anstalten, die Bettdecke zu zerfetzen, und zerbiß in plötzlich auflodernder Leidenschaft eine Franse des Überwurfs. Hudel öffnete schlaftrunken ein Auge, drehte sich um und döste weiter. Er schnarchte nicht mehr, aber er wimmerte und zuckte mit den Beinen.

Susi hatte unterdessen mit ihrem Gezappel das Telefon heruntergeschmissen. Sie saß vor dem am Boden liegenden Hörer und lauschte mit schräggestelltem Kopf dem klagenden Ton, der daraus hervordrang.

Ich wollte einen Schluck Orangensaft aus der Flasche trinken, die immer auf dem Nachttisch steht. Aber Susi hatte die Flasche umgeworfen. Der letzte Rest des Inhalts ergoß sich eben glucksend auf den Teppich.

Da wurde es mir zu bunt. Ich verließ meine unruhigen Schlafkumpane und legte mich im Gästebett zur Ruhe. Die beiden mochten machen, was sie wollten.

Als ich am Morgen meine Schlafzimmertür öffnete, begrüßte mich Hudel mit fröhlichem Gebell, und Susi strich zärtlich miauend um meine Beine...»

Es war unbequem, einen italienisch und einen englisch sprechenden Kritiker zu haben, mußte ich doch meine Geschichte gleich zweimal übersetzen. Michelangelo kam zuerst dran.

Nach der ersten Hälfte rühmte er mich.

«Brava, brava.» Die kalten Füße und der warme Bauch waren vielversprechend. Auch daß ich «sie» Susi getauft hatte, fand er richtig. Susi hatte schließlich schon beim Fotowettbewerb Glück gebracht. Der Name Hudel paßte ihm nicht. Schon darum nicht, weil er ihn nicht aussprechen konnte.

«Udl», sagte er, «Udl ist zuwenig sexy.»

Michelangelo hatte den Hudelhund eben nicht gekannt. Darum war er auch vom Ende meiner Geschichte bitter enttäuscht.

«Ah ba», sagte er, «das ist ein Tiergeschichtlein für Kinder im Pinocchio-Alter. Und dabei war der Anfang so spannend.»

Sein Urteil war so niederschmetternd, daß ich Onkel Arthur mit meinem Werk verschonen wollte.

Aber auch er konnte hartnäckig sein. Schließlich las ich ihm meine englische Version stockend vor.

«Not so bad», lautete sein Urteil. «Nur – unbedingt pornographisch möchte ich es auch nicht nennen. Aber» – und er hob seinen spitzen Zeigefinger – «man kann auch andere Geschichten verkaufen, nicht bloß pornographische.»

«Glaubst du wirklich, das Zeug taugt was?» Ich war wieder einmal skeptisch.

Er redete mir so lange zu, bis ich die Geschichte nach etwa acht verschiedenen Um-, Rein- und noch reineren Abschriften an eine Illustrierte der deutschen Schweiz sandte. Eingeschrieben und mit Rückporto versehen. Onkel Arthur hatte das so gewollt.

Wir säten nicht und ernteten doch

Schon lange freuten wir uns auf die Weinlese. Obwohl während so vieler Jahre kein Mensch sie gepflegt und gegossen hatte, wuchsen in der Nähe der Häuser ein paar Rebstöcke. Derjenige, der am Eichenbaum vor meinem Zimmerfenster emporkletterte, trug viele Früchte. «Americana» nennt man diese Sorte. Beim langen Haus hatte eine andere Pflanze ihre Ranken übers ganze Dach gebreitet und hing ebenfalls voller kleiner blauer Trauben. Das waren «Clinton». Diese Kenntnisse verdankten wir natürlich Ugo. Umsonst nannten wir ihn nicht den «Weisen».

Er war es auch, der uns erklärte, wie man Wein macht. Wie man Trauben an Reben erntet, die sich an den äußersten Spitzen eines zehn Meter hohen Baumes emporwinden oder über ein Dach klettern, das man nicht betreten soll, konnte er uns allerdings nicht sagen.

Alles, was wir pflückten, waren ein paar Körbe voll. Die restlichen herunterzuholen, wäre lebensgefährlich gewesen.

«Lumpige zwanzig Kilo, das muß anders werden», wetterte Michelangelo. Nächstes Jahr wollte ich zu Ugo in die Lehre gehen, um den Weinbau zu studieren. Bis ich alles wußte, was für den Betrieb des Monte Valdo nötig war, war ich hundert Jahre alt!

«Wie man Grappa brennt, brauchst du dann nicht zu lernen. Das kann ich schon.» Wenigstens etwas, das mir Michelangelo abnahm.

Kastanien suchen war ein reines Vergnügen, fast so schön wie Kartoffeln graben. In kürzester Zeit war unser

Militärtornister jeweils voll. Wir breiteten die Früchte im Stall zum Trocknen aus.

Michelangelo übernahm für viele Wochen die Zubereitung des Abendessens, das aus nichts anderem als gerösteten Kastanien und Glühwein bestand. Herrlich duftete es bei uns, wenn wir die frisch gerösteten Marroni aufbrachen. Wir durften die Pfanne ja nicht am Boden beim Kamin stehen lassen, denn die Tiere hatten diese Speise so gern wie wir.

Glühwein braute Michelangelo, weil Kastanien Durst geben und man so den Wein strecken konnte. Er versuchte immer neue Gewürzkombinationen. Als er eines Abends unser Getränk mit Kümmelzusatz servierte, streikten Onkel Arthur und ich. Michelangelo war sehr erbost darüber.

Die schönsten Kastanien legten wir auf die Seite. Onkel Arthurs Idee war es, den Erfolg der Marmellata del Monte Valdo mit Marrons glacés del Monte Valdo fortzusetzen. Aber – das war der große Haken – wir fanden das Rezept nirgends.

Schließlich kam Onkel Arthurs unwiderruflich letzter Ferientag. Die Gültigkeitsdauer seines Flugbilletts lief ab.

«Never in my life I was so happy», gestand er mir. «Wenn ich an unsere Konfitüre denke!» Er wollte nächstes Jahr so bald als möglich wiederkommen. Und seinen Malkasten mitbringen, und alles, was er zur Schmetterlingszucht brauchte. Ja, und ein Rezept für Marrons glacés würde er mir baldmöglichst schicken. Wo er das in England auftreiben sollte, war mir schleierhaft.

Zart und zerbrechlich stand er mit seinem Köfferchen am Bahnhof von Bellinzona, den weißen Bart sorgfältig geschnitten. Niemand hätte geahnt, wie kampflustig und zäh Onkel Arthur sein konnte.

«Leb wohl, lieber Onkel Arthur. Ich danke dir.»

Ich mußte mich sehr zusammenreißen, heiß stieg es in meine Augen.

«Gutt bay, addio zio Arthur», sagte Michelangelo. Er merkte es gar nicht, daß ihm Tränen übers Gesicht kollerten.

«Seid tapfer», sagte Onkel Arthur. «Ich bin ganz sicher, wenn ich wiederkomme, trägt ein Esel mein Gepäck auf den Monte Valdo.»

Der Zug war schon angefahren, als er mir noch zurief: «Und schreib mir, was aus der pornographischen Geschichte geworden ist.»

Hoffentlich verstanden die herumstehenden Leute nicht Englisch. Ich hätte mich sonst entsetzlich schämen müssen.

Auf der Post in Sassariente lag mein Manuskript.

«Tut uns leid», schrieb das schweizerische Unterhaltungsblatt, «solche Erzählungen sind für unser Publikum zu gewagt.»

«Hörst du das, Michelangelo? Und du sagtest, es sei ein Pinocchio-Geschichtlein. Nie mehr schreibe ich solches Zeug!»

Aber Michelangelo war dagegen, aufzugeben.

«Dann probieren wir es eben mit der Zeitschrift, in der immer so schöne nackte Frauen abgebildet sind.» Er wies auf eine zerlesene deutsche Illustrierte, in der er stundenlang blättern konnte.

Ich revidierte also meinen Text und schnitt ihn für den Sprachgebrauch in Deutschland zu.

Anstatt «Intuition» hieß es jetzt «Einfühlungsvermögen», anstatt «Toilette machen» «wusch mich gründlich», und anstatt «Orangensaft» – nein, nicht «Apfelsinensaft», sondern «Whisky». Das war verruchter.

Und es brachte mir einen schönen Scheck über dreihundert Deutsche Mark ein.

Ganz zaghaft begann auch ich daran zu glauben, daß nächstes Jahr Onkel Arthurs Gepäck auf einem Eselrücken transportiert werde.

Aber wenn wir wirklich einen Esel hatten, dann mußte er zu Onkel Arthurs Empfang auf den Bahnhof von Bellinzona mitkommen. Das schwor ich mir.

November

Spinat, die Pille und noch ein Abschied

November in der Stadt war für mich ein Greuel. Im Tessin ist der ganz späte Herbst eine der faszinierendsten Jahreszeiten. Das Wetter ist meist beständig, die Sicht klar; sobald die Sonne scheint, wird es herrlich warm.

Wir hatten ein großes Stück des Gartens gerodet und Spinat angesät. Die Blättlein sproßten bereits, und wir freuten uns auf unser eigenes Gemüse. Da kamen die Hunde auf die Idee, ihre täglichen Knochen ausgerechnet dort erst zu ver- und später wieder auszugraben. Innert ein paar Tagen war unser Garten total zerwühlt und die ganze Ernte vernichtet.

Merke: wer Hunde hat, muß seinen Garten einzäunen.

Ich erkundigte mich nach dem Preis von dreißig Meter Maschendraht in einem Meter Breite. Einhundertachtzig Franken!

Das hätte ich mir vor dem Bankkrach bedenkenlos geleistet, so aber entschloß ich mich, von Michelangelo einen Zaun aus Kastanienstämmchen machen zu lassen. Ich mußte mich daran gewöhnen, die Materialien zu verwenden, die auf dem Monte Valdo gratis zur Verfügung standen.

Als Michelangelos Zaun, ein absolutes Meisterwerk mit einem Türchen und einem rührend primitiven Riegelchen, fertig dastand, war ich über meinen Geldmangel direkt froh. Maschendraht wäre häßlich gewesen, ein Fremdkörper. Der Holzzaun sah so aus, als ob er schon immer dagestanden hätte. Oder wie wenn er gewachsen wäre, leider ein bißchen zu spät, um unsern Spinat vor den grabenden Hunden zu schützen.

Die Abende wurden lang. Ich hatte meine Strickarbeit, Michelangelo malte beim Schein der Butangaslampe, einer Petrollampe mit reflektierendem Spiegel und zweier Kerzen. Er behauptete, diese Lichtmischung ergebe wunderbare Farben.

Michelangelos Bilder berührten mich. Sie waren primitiv, oft in der Perspektive falsch, hatten harte, dunkle Konturen. Eines zeigte einen bärtigen Mann, den Hut auf dem Kopf, vor einer Flasche und einem Glas an einem hellgrünen Tisch sitzend. Der Hintergrund war giftig gelb. Das Bild hieß «Ich». Michelangelo mußte sich sehr einsam fühlen...

Und ich mußte für ihn eine Gärtnerin finden!

Um diesem Ziel ein bißchen schneller nahezukommen, nahm ich trotz der Beschlüsse des Kriegsrates einen Einrichtungsauftrag an. Eine meiner treuen Kundinnen hatte mich gebeten, sie bei der Einrichtung ihres neuen Hauses zu beraten. Das würde mich nicht zuviel Zeit kosten, und die Gärtnerin rückte damit näher. Es bedingte aber, daß ich Michelangelo und die Tiere etwa zwei Wochen lang allein ließ.

Die Vorbereitungen, die ich für meine Abwesenheit traf, hätten auf eine längere Reise schließen lassen. Die

Lebensmittelvorräte würden für mindestens einen Monat ausreichen. Zwanzig Liter Wein und zwei Flaschen Grappa waren auch im Keller. Michelangelo hatte mich flehentlich um eine «bella scorta» – einen schönen Vorrat – gebeten. Für den Fall, daß ich in vierzehn Tagen nicht zurückkäme, gab ich ihm fünfzig Franken als Notreserve. Er mußte dann zu Fuß nach Sassariente und würde auf der Post einen Brief von mir und eventuell mehr Geld finden.

Was ich ihm täglich ein paarmal einbläute, war Susis Pille. Er hatte zur Sicherheit, damit er das ja nicht vergesse, ein riesengroßes Plakat geschrieben und an die Haustür geheftet: «Pillola Susi – non dimenticare!!!» Susi verlangte recht zur Unzeit nach einem Kater, tat dies mit dem typischen «Mrraaaooo» kund und wälzte sich auf der Erde. Offenbar wollte sie Bimbo noch nicht ganz allein lassen und kam wenigstens zum Frühstück immer heim. Dann hatten wir Gelegenheit, ihr die Pillola zu verabreichen, die Hälfte eines stecknadelkopfgroßen Kügelchens. Michelangelo übte an Bimbo, wie man einer Katze Tabletten eingibt. Mit seinen klobigen Fingern war das ein schwieriges Unterfangen, doch lieber das, als kleine Kätzchen töten zu müssen.

Bimbo Seidenglanz war nicht nur die hübscheste, sondern auch die gutmütigste Katze, die ich je kennenlernte. Er würgte nach einem guten Dutzend fehlgeschlagener Versuche die vorbereiteten Brotkügelchen brav hinunter. Bis Michelangelo es auch bei Susi fertigbrachte, daß sie die Pille schluckte und nicht gleich verächtlich wieder ausspuckte, brauchte es ein paar Tage und ein ganzes Röhrchen der kostspieligen Arznei.

Dann kramte ich meinen Koffer mit den Kleidern für die Stadt hervor. Zum Glück machte ich am Abend vor meiner Abreise eine Art Kostüm-Hauptprobe. Alles schlotterte an mir. Die Hosen meines hübschen Anzugs waren so viel zu weit, daß sie mir gleich auf die Füße hinunterrutschten. Ich mußte mindestens zwölf Kilo abgenommen haben.

Bis spät in die Nacht machte ich die Nähte enger. Ich nähe schrecklich ungern. Weil ich aber an meine neue schlanke Linie dachte, war es diesmal ein reiner Genuß.

Während meiner Arbeit rechnete ich aus, wieviel ich in einem Jahr für meine Kleider ausgegeben hatte. Ich kam auf gut zweihundert Franken, denn außer zwei Paar Blue jeans, den Gummistiefeln und dem Straßenarbeiterumhang samt Hut hatte ich nichts gebraucht. Ein Koffer mit Wäsche lag unberührt immer noch in Froda.

Zum Leben in der Wildnis braucht man eigentlich nicht mehr als einige Pullover und Blusen und drei Paar Blue jeans – das sauber gewaschene Paar «für schön», das zweite zum Arbeiten, und das dritte hängt an der Wäscheleine.

Michelangelo und alle Tiere begleiteten mich bis zum Parkplatz. Das kleine Grüppchen stand ein bißchen verloren am Wegrand und wurde im Rückspiegel des Autos immer kleiner. Michelangelo winkte, bis ich in die Straße einbog. Hoffentlich ging alles gut, bis ich wieder heimkam. Eine Mutter, die fünf Kinder im Wald allein lassen muß, konnte nicht besorgter sein als ich.

Ich und die Stadt

Dreißig Jahre hatte ich in der Stadt gelebt und gemeint, alle ihre Winkel zu kennen. Jetzt, nach einem guten Jahr schon, war sie mir fremd geworden. Ich fühlte mich wie eine Katze, die in einer unbekannten Stube schleunigst unter ein Sofa kriechen will.

Der Lärm, den ich schon früher nie mochte, war jetzt noch unerträglicher, die benzinverpestete Luft ebenso. Man hatte neue Fahrvorschriften erlassen, neue Einbahnstraßen eingeführt, neue Verbote. Ich war verloren.

Das einzige, was ich wie ein Verschwender genoß, waren Wasser und Elektrizität. Baden, duschen, Haare waschen, sooft ich wollte, und sogar mit warmem Wasser, und mit so viel Wasser, wie ich wollte. Welch ein wunderbarer, unbeschreiblich herrlicher Luxus! Und am Schalter zu drehen und Licht zu haben, oder den Hörer abzuheben und telefonieren zu können, sogar vom Bett aus. Oder ein Heizkissen anzustecken, oder den Backofen einzuschalten.

Was mich von ganz hoch oben mitleidig auf die Städter hinabblicken ließ, waren die neuen Vergnügungen der High-Society. Freunde luden mich ein, den neusten Club kennenzulernen. Es war fashionable geworden, in jenem Club zu turnen, auf einem Apparat radzufahren, die Männer durften allerhand Gewichte heben. Man machte Kniebeugen, Rumpfbeugen, dehnte und streckte sich, schwitzte in der Sauna, erholte sich unter der Höhensonne und atmete in einem Extraraum extrasaubere Luft.

Das alles konnte ich auf dem Monte Valdo auch haben. Gartenarbeiten waren so gut wie allgemeine Gymnastik, Kartoffelgraben ersetzte Kniebeugen. Anstatt Rad an Ort zu fahren, war ich wöchentlich ein paarmal vom Monte Valdo zum Parkplatz und zurück gelaufen, beladen wie ein Packesel. Meine Sauna war im Wassergraben ohne Wasser, die Sonne war auch da, und extrareine Luft hatte ich sowieso, vierundzwanzig Stunden täglich. Und alles ohne einen Rappen Clubbeitrag.

Ich war immer noch reich. Nur ziemlich arm an Geld.

Mein Einrichtungsauftrag machte mir Spaß. Zum erstenmal arbeitete ich unbelastet von allen Modeströmungen. Besonders für die Farbzusammenstellungen hatte ich neue Ideen. Ich mußte nur an den Monte Valdo denken, an den Waldboden, auf dem hellbraune Kastanienblätter lagen, an die grauen Mauersteine, das Grün der Brombeerranken. Irgendwo setzte ich das rote Tüpfchen einer Feuerlilie. Das waren meine Vorschläge für das Wohnzimmer.

Fürs Schlafzimmer guckte ich die Farben dem Pflaumenzipfelfalter ab: Der Teppich war grau-beige, der Bettüberwurf und die Vorhänge waren hellblau, die Polsterbezüge und kleinen Kissen auf dem Überwurf orange mit feinen schwarzen Borten.

Die Farben der Küche stahl ich der Raupe des Schwalbenschwanzes: Hellgrün, Rosa und Schwarz.

Das Bad war weiß, kastanienbraun und pinkfarben wie der Wolfsmilchschwärmer.

Meine Kundin war begeistert. Sie wollte mich gleich an eine Freundin weitergeben, die ihr Haus umbauen ließ. Zum Glück würde das Haus erst nächstes Jahr fertig sein. Meine vierzehn Tage waren um. Ich mußte zurück auf den Monte Valdo. Michelangelo hatte keinen Wein mehr. Ich sehnte mich auch nach den Tieren, besonders nach Bimbo.

So verwandelte ich mich denn wieder rückwärts, vom eleganten Schmetterling zur farblosen Puppe in verwaschenen Hosen und Gummistiefeln. Mit jeder Kurve, die mich näher zum Monte Valdo brachte, wurde mir wohler, und gleichzeitig stieg eine große Bangigkeit in mir hoch. War alles gut gegangen?

Der Weg abwärts durch den Wald war wie immer. Als ich mich den Häusern näherte, rief ich die Hunde. Sie kamen bellend angestürmt, rissen mich beinahe um, jaulten und tobten. Ich mußte mein Gepäck abstellen, um sie zu liebkosen. Während ich auf dem Mäuerchen am Wegrand saß und sie streichelte, erschienen miauend Susi und Bimbo. Sie drängten sich zwischen die Hunde und schmiegten sich schnurrend an meine Beine. Ich nahm sie auf den Arm, glücklich, alle wiederzuhaben. Als ich den Kopf hob, sah ich Michelangelo. Er stand breitbeinig im Weg, strahlte und fragte: «Hast du mir die versprochene Flasche Baselbieter Kirsch mitgebracht?»

Da war ich sicher, daß es meiner ganzen Monte-Valdo-Familie gut ging.

Michelangelo war während meiner Abwesenheit sehr fleißig gewesen. Er hatte das Dach meines Schlafzimmers zwischen den Balken mit Dachpappe abgedichtet, untendran Glaswolle geheftet, das Ganze mit Isolierplatten gedeckt und schließlich verputzt. Ich jubelte, denn der zeltartige Raum war einzigartig. Die dunkeln, zum Giebel aufstrebenden Balken hoben sich wunderbar vom weißen Verputz ab. Die Mauern waren nun innen auszementiert, das Fenster und die Türe eingesetzt. Das Loch, in dem Susis Freund, der Ghiro, schlief, hatte Michelangelo offengelassen, damit der arme Kerl sich nicht im Frühjahr in seinem Nest eingemauert fand.

In ein paar Tagen würden auch mein neues Bett und eine extradicke Matratze eintreffen und eine Decke aus Schafwollvlies mit einem Trikotüberzug. Ein paar Wärmflaschen und warme Hausschuhe für Michelangelo und mich hatte ich in meinem Gepäck, ebenso das Weihnachtsgeschenk meiner Verwandten, zwei Garnituren Angora-Unterwäsche, wie sie die Himalaja-Bergsteiger tragen. Mit dieser Ausrüstung würde ich den Winter überstehen, auch wenn es in meinem Schlafzimmer einmal weniger als null Grad war.

Der schöne Vorrat

Während meiner Abwesenheit hatte es bereits einmal geschneit. Der Schnee war zwar schon wieder geschmolzen, aber wir mußten uns sicherheitshalber doch so einrichten, daß wir zwei, drei Wochen unabhängig von irgendwelcher Warenzufuhr leben konnten. Michelangelo hatte am Listenmachen Gefallen gefunden und eine Aufstellung der seiner Ansicht nach lebenswichtigen Waren gemacht.

Zuoberst stand natürlich eine Korbflasche Wein. Endlich, endlich würde er dazu kommen, zu seiner «Damigiana», die er eigentlich schon bei seiner allerersten Reise auf den Monte Valdo mitnehmen wollte. Position zwei waren fünf Liter Grappa. Das änderte ich ab in drei Liter, denn erstens war es unwahrscheinlich, daß wir während mehr als drei Wochen von der Außenwelt abgeschnitten sein würden, und zweitens kostete das zuviel.

Eine Reservebombe Butangas war sicher kluge Vorsorge. Michelangelo hatte auch an Toilettenpapier gedacht, an Reis, Teigwaren, Polenta, Salami, Mortadella, Luganighe, haltbares Gemüse wie Lauch, Kohl und Rüben, dann Getreideflocken und Dosenfutter für die Tiere.

Ich war schon auf dem Weg zu meinem Auto, als er mir noch nachrief: «Bring noch ein paar ‹Cicitt› mit!» Schade, daß diese Ziegenfleischwürstchen nicht bekannter sind. Man röstet sie ein paar Minuten lang auf der Glut. Sie sind stark geräuchert und haben ein wundervoll kräftiges Aroma. Und zu allem Glück sind sie billig – sechs Franken ein Kilo. Ich verdankte die Kenntnis dieser Spezialität der Metzgersfrau in Sassariente. Sie hatte offenbar bemerkt, daß ich mit meinem Geld sparsam umgehen mußte, und half mir rührend, möglichst preiswert einzukaufen.

Michelangelos Frage nach meiner Rückkehr war – wie könnte es anders sein: «Hast du die Korbflasche mitgebracht?»

«Mhm», sagte ich.

Er machte sich sofort auf den Weg, um die ungefähr

fünfunddreißig Kilogramm schwere Flasche vom Auto herunterzutragen. Als er nach einer Stunde immer noch nicht zurückgekehrt war, ging ich ihn suchen.

Bei der zweitobersten Wegbiegung fand ich ihn. Er hockte am Boden, war betrunken und schluchzte. Neben ihm lagen die Scherben der Flasche. Fast allen Wein hatte er vergossen und den Rest aus Verzweiflung getrunken.

«Welche Sorte war es?» fragte er.

«Ving da past.» Ich verschwieg ihm gnädig die Wahrheit, daß die Erde vom Monte Valdo sogar Barbera-getränkt war.

Michelangelo war wie vor den Kopf geschlagen, todunglücklich. Was ist jetzt mit unserer bella scorta – dem schönen Vorrat? Den ganzen Tag über war er geistesabwesend. Am Abend hatte er die Lösung, ein wahres Ei des Kolumbus, gefunden: «Ich arbeite nun seit mehr als einem halben Jahr bei dir. Du hast doch gesagt, ich könne im Jahr drei Wochen Ferien haben, nicht wahr?»

«Ja, natürlich. Warum?»

«Also gut. Anstatt in die Ferien zu gehen – ich weiß ja doch nicht wohin –, hätte ich lieber eine neue Korbflasche voll Wein – aber diesmal Barbera, per piacere.»

Daß ich über die zerbrochene Korbflasche glücklich war, sagte ich ihm nicht. Aber seine Ferien hatten mir bleischwer auf dem Herzen gelegen. Ich hatte mir in glühenden Farben schon alle Dummheiten ausgemalt, die er dann anstellen würde.

Wir fällen Holz und haben Sorgen

Wenn die Bäume kein Laub mehr tragen, beginnt die Arbeit der Holzfäller. Wir hatten die Bäume markiert, die uns die Aussicht auf den See zu sehr verdeckten, und diejenigen, die uns jetzt zuviel Abendsonne wegnahmen.

Wir zogen also los mit Motorsäge, Säge, Axt und unsern Falci. Die Motorsäge zerschnitt mit ihrer Kette die Stämme, mit ihrem Gesumm wie tausend wilde Wespenschwärme auch die Luft. Zum Glück wußte Michelangelo, daß man zuerst einen Keil in den Stamm sägt, wie man mittels Seilen den Fall eines Baumes in eine bestimmte Richtung lenken kann, wie wichtig es ist, den gefällten Baum sofort abzuasten und wegzuräumen, weil man sonst in einem Gewirr von Stämmen und Ästen hilflos hängen und stecken bleibt.

Wir sortierten die geraden Stämme, die wir als Dachträger brauchten, die dünneren schönen Stücke für den Balkon vor dem Heuboden des Stalles, diejenigen für die Pergola, einen Vorrat für eventuelle weitere Zäune, den Rest als Brennholz.

Das Wetter war seit ein paar Wochen wunderschön. Ein klarer Tag reihte sich an den andern. Morgens bedeckte ein Reif die Dächer und die Wiese, gegen zehn Uhr wurde es so warm, daß wir draußen aßen. Das Radio warnte vor der Waldbrandgefahr.

Man muß es mit eigenen Augen gesehen haben, wie staubtrocken ein Kastanienwald im Winter sein kann, wenn das gefallene Laub, vermischt mit dürren Farnkräutern, den Boden fast kniehoch bedeckt.

«Was tun wir, wenn der Wald brennt?» Diese Frage beschäftigte uns beide. Wäre es klug, in den Häusern zu bleiben? Die waren ja aus Stein. Aber wenn die Tragbalken der Dächer Feuer fingen und die Dächer dann einstürzten?

Wir entschlossen uns, die Wiese ganz sauber zu rechen. Wenn dort nichts lag, das brennen konnte, waren wir in der Mitte der Wiese wahrscheinlich am sichersten. Trotz der mageren Kasse kaufte ich einen Feuerlöschapparat, mit dessen Schaum wir auf der Wiese einen Kreis um uns herumziehen konnten.

Eines Abends entdeckten wir hoch über dem Lago Maggiore eine Rauchfahne. Als es dunkelte, wurden auch die Flammen sichtbar. Ein Feuergürtel hatte sich um den Gipfel des Berges gelegt. Der Wind blies die Glut offenbar aufwärts. Auch am andern Morgen brannte es noch.

Uns schauderte. Wir würden auf unser Feuer achten, es hüten wie eine heilige Flamme. Michelangelo entschloß sich, überhaupt nicht mehr zu rauchen, bis der Schnee fiel. Es schien ihm zu gefährlich. Und ich war dankbar dafür.

Dezember

Gedanken und Gespräche

Abends wickelte sich immer dasselbe Programm ab. Die Tiere versammelten sich am Kamin. Ich setzte mich auf mein extrabequemes Baumstämmchen, das Radio nebendran, und strickte. Michelangelo kramte noch in seinem «magazzino» herum oder spaltete im Stall beim Schein einer Petrollampe Holz. Dazu sang er ein Lied: «Bella sei come un fiore, piena di poesia...»

Für ihn war die Welt in Ordnung, solange er ein Dach über dem Kopf, ein Stück Brot und eine Flasche Wein hatte. Ein warmes Feuer, ein Stück Salami oder Käse zum Brot, das waren schon Luxusgüter. Glücklicher Mensch!

Von seiner Vergangenheit wußte ich außer dem Handel mit der Pornographie immer noch nichts.

Einmal, als wir die Reportage von der Mondlandung der Apollo 17 verfolgten, sagte er: «Schließlich bin auch ich schon weit herumgekommen, nicht bloß diese Astronauten.»

Ich erwartete nun mindestens die Geschichte einer Amerikareise.

Er fuhr fort: «Weißt du, wo ich schon gewesen bin?»

«Du erzählst mir ja nie was.»

«Einmal, zum Beispiel, da war ich in Indemini. Dio

mio, die vielen Kurven bis dorthin. Wir machten eine Schulreise. Fünf Franken kostete sie, stell dir das vor, einen ganzen Fünfliber.»

«Und wo warst du sonst noch?»

«Eh, dann kenne ich das ganze Locarnese wie meine Hosentasche.»

Wenn man weiß, daß Indemini in einer guten Autostunde von hier aus zu erreichen ist und daß das Locarnese, wenn man ganz großzügig schätzt, einen Durchmesser von zwanzig Kilometer hat, versteht man, wie groß Michelangelos weite Welt war.

«Erzähl mir doch ein bißchen, was du früher so gemacht hast», bat ich ihn. Es war seltsam, mit jemand zusammenzuleben, dessen Charakter ich zu kennen glaubte, dessen Vergangenheit aber ein verschlossenes, nein, versiegeltes Buch war.

«Wie mich alle beschissen haben, das behalte ich für mich. Ich mag nicht darüber reden.»

«So erzähl mir von deiner Familie, wo du zur Schule gegangen bist, zum Beispiel.»

«Meine Familie ist für mich tot – oder ich für sie. Das gehört mit zu dem, worüber ich schweige.»

Unser Gespräch verstummte. Ich wollte ihn nicht weiter plagen. Er sinnierte irgend etwas. Dann kam es, wie aus der Pistole geschossen: «Aber interessiert es dich vielleicht, daß ich Deutsch sprechen kann?»

«Was, du kannst Deutsch? Es wäre lieb von dir gewesen, mir das früher zu sagen. Ich strenge mich immer so an, versuche sogar, deinen Dialekt zu sprechen. Also, schieß los, zeig mir deine Künste.»

Ich erwartete nun: «Bitzeli sbasieren gehn», das ungefähr alle Tessiner können. Er aber sagte: «Sbiegelei mit Schink, Rösti mit Sbiegelei, Rankfurter mit Kartoffsalat, Sändwitsch...»

«Halt, halt, Sandwich ist englisch!»

«Schön, in dem Fall kann ich eben auch Englisch, auch wenn mich Onkel Arthur nie verstand.» Dann ratterte er weiter: «Eisgrem, Schnissel mit pomfritt.»

Eine vollständige Speisekarte in ungefähr deutscher Sprache.

«So, jetzt sag mir aber, wo du Kellner gewesen bist.»

Im Lido von Locarno hatte er nicht nur serviert, sondern auch gekocht, erzählte er mir nun. Dort hatte er gelernt, wie man einen Tisch deckt und wieder abräumt, daß man die gebrauchten Gläser nicht ineinander-, sondern nur zusammenstellt, daß man nie einen Gang mit leeren Händen macht.

«Bist ein Wunderkerl, Michelangelo, aber deswegen sprichst du die deutsche Sprache noch lange nicht. Oder was kannst du sonst noch?»

«Gumm schöön, zum Beispiel.» Er hatte sich gegen Bona gedreht, die darauf aufstand, zu ihm ging und ihm den Kopf aufs Knie legte.

«Libi, libi», sagte er zu ihr, und sie leckte ihm die Hand.

«Bösi Susi!» Susi lag in ihrer Schachtel, erhob sich auf seine Worte, machte einen erschreckten Buckel und floh durch das kleine Katzentürchen, das der Schreiner vom Monte Valdo anno 1794 extra für sie ins Tor gesägt hatte.

«Grano, Platz!» Grano legte sich brav und verstand nicht, warum Michelangelo ihm gleich darauf «pfui!»

zurief. Als Michelangelo ihn mit «Gum, Guti-guti» lockte, war er wieder zufrieden.

«Bravo, Michelangelo, die Katzen- und Hundesprache in Deutsch beherrschst du ganz perfekt, bravo.»

«Wart nur, ich kann noch mehr.»

Was dann kam, erzähle ich nur der Vollständigkeit halber. Es ist kein Ruhmesblatt für die Lady Kathrin Rüegg. Denn wo anders als bei mir hatte er die folgenden Worte lernen können, die er jetzt hinunterleierte, wobei er sich nur unterbrach, wenn ihm der Schnauf ausging:

«Gopferdameveloglinihe ubirliabenand, Immelaschunwolggebrugg, Verdamdesissdreg, Ergottonerundoria...»

Ein nimmerendenwollendes Vokabular an schweizerdeutschen Flüchen, mit Tessiner Akzent ausgesprochen. Ich hatte diese teils recht üblen Worte bei meinem früheren Chef gelernt – tausend Jahre war das mindestens her. Gut erzogen, hatte ich sie damals zur Kenntnis genommen, aber selbstverständlich nie angewandt. Hier im Dschungel, wo kein Mensch sie verstand, brachten sie mir in heiklen Situationen oder in solchen, wo ich vor Wut fast zerplatzte, Erleichterung.

Und da hatte ich nun die Bescherung. Wenn Michelangelo irgendwem erzählte, wer ihm das beigebracht hatte! Es gab nur einen Ausweg, denjenigen über die Mystik, die Michelangelo sehr faszinierte. Ich sagte: «Du erinnerst dich, wann ich diese Worte jeweils brauchte?»

«Klar, immer wenn etwas schiefging.»

«Also, das sind Zauberworte wie ‹Abrakadabra›, aber

auf schweizerdeutsch. Ich wandte sie nur an, weil ich glaubte, du verstehst sie nicht. Behalt sie gut für dich. Sonst nützt der Zauber nichts mehr.»

«Ich wußte ja immer, daß du eine Hexe bist», sagte Michelangelo und schaute mich bewundernd an.

Erst als ich im Bett lag und unser Gespräch nochmals an mir vorbeiziehen ließ, merkte ich, wie schlau er mich wieder davon abgelenkt hatte, ihn über sein Leben auszufragen. Würde ich dieses Geheimnis je ergründen?

Die echten Marrons glacés vom Monte Valdo

Unser Vorrat an auserlesen schönen Kastanien wuchs. Wir waren schon beinahe entschlossen, ihn für unser Nachtmahl anzugreifen, als endlich das Rezept für Marrons glacés gleich von drei Seiten her eintraf.

Onkel Arthur schickte mir den Ausschnitt aus dem Briefkasten einer englischen Frauenzeitschrift, die er deswegen angefragt hatte. Meine Freundin Helen fand es – wie einfach! – in einem alten Basler Kochbuch, und der Bäcker von Sassariente erklärte mir lang und breit, wie man diese Köstlichkeit herstellt.

Erst muß man die Kastanien einschneiden, dann mit der Schale kochen, dann die dicke Schale abziehen, die Früchte weiterkochen, um die dünne Schale zu entfernen. Laut Basler Kochbuch konnte man das in einem Arbeitsgang machen. Wir fanden aber heraus, daß die Marroni schöner blieben, wenn man dem Rezept des Bäckers folgte.

«Man koche Zucker und Wasser mit Vanille zum Sirup und gieße diesen über die Kastanien», hieß es dann.

«Sehr einfach», sagte Michelangelo voreilig.

Laut Rezept des Bäckers mußte man diesen Sirup nun täglich von den Kastanien abschütten, durch Zugabe von noch mehr Zucker konzentrierter machen, und das während einer Woche. Und während der ganzen Zeit sollte man die Kastanien an einem möglichst warmen Ort aufbewahren. Das englische und das Basler Rezept schrieben nur zwei- bis dreimalige Wiederholung mit aufgewärmtem Sirup vor.

Da wir unsere Marroni verkaufen wollten, entschlossen wir uns, dem Rezept des Bäckers zu folgen. Ein bißchen verächtlich und wie alte Fachkonditoren taten wir die beiden andern Rezepte als «Hausfrauen-Gebrauchsanweisungen» ab.

Vorerst starteten wir einen Versuch mit einer Menge, die bis auf zwei alle unsere Suppenteller füllte.

Schon das Schälen war eine qualvolle Arbeit.

«Ich grabe lieber nach Wasser, auch wenn ich dann keines finde», brummte Michelangelo und warf den Hunden ärgerlich eine zerbrochene Kastanie zu.

«Laß mich das machen, deine Finger sind zu klobig dafür», sagte ich mitleidig.

«Aber ich will auch helfen», entgegnete er hartnäckig.

«Du darfst dafür den Zuckersirup kochen.»

«In dem Fall grazie, grazie tante. Ruf mich bitte, wenn du soweit bist.» Pfeifend ging er in den Stall. Die Schläge der Axt verrieten, daß er Holz spaltete.

Die elfenbeinweißen Früchte auf den roten und blauen Emailletellern sahen hübsch aus. Zum Anbeißen hübsch, jetzt schon. Ich stellte sie ordentlich ausgerichtet auf den Kaminsims. Dort war es am wärmsten.

Michelangelo kam mit einem Stoß Holz und entfachte das Feuer. Das Tessiner Kaminfeuersystem faszinierte mich immer aufs neue. Man nimmt drei etwa anderthalb Meter lange, möglichst dicke Holzstücke. Deren Spitzen legt man in den Kamin, der Rest ragt fächerförmig auf den Granitfußboden hinaus. Mit einer Zeitung und einem jämmerlich kleinen Häufchen Ästlein entzündet man unter den Holzspitzen das Feuer, und schon brennt es. Noch nie hatte Michelangelo mehr als einmal anfeuern müssen. Wenn das brennende Stück zerfiel, wurde das Holz ein bißchen nachgeschoben. Das Feuer brannte und wärmte immer schön gleichmäßig und gab überhaupt keine Arbeit.

Irgendwie stand kein guter Stern über unserer Konditorei. Michelangelo wollte vorschriftsgemäß den Sirup zubereiten, doch erst mal zerriß der Zuckersack. Ein Teil des Inhalts ergoß sich auf Michelangelos Bett, der Rest rieselte auf den Boden. Michelangelo holte den Besen, wischte brummend auf, stellte den Besen schräg in die Ecke neben den Kocher und holte den Zuckervorrat aus dem Keller. Unter seinen Füßen knirschte es.

«Ich nehme bloß die Hälfte», sagte er, als er wieder heraufkam. «Man kann nie wissen, was noch schiefgeht, und dann haben wir keinen Zucker mehr.»

Sorgsam maß er das Wasser ab, goß es zum Zucker, gab die Vanilleschoten bei, wollte die Flamme entzünden. Als er sich vorbeugte, trat er auf den schräggestellten Besen, der Stiel schnellte hervor, schlug gegen den Pfannenrand. Die Pfanne rutschte nach vorn und fiel mit großem Geklapper auf den Boden.

«Gopferdame...» hub er an, schaute auf mich, stoppte und murmelte ganz schnell «Abrakadabra».

Beim dritten Versuch gelang der Sirup.

Erst jetzt wischte er den Boden auf. Aber da war es schon zu spät. Die Hunde hatten eifrig begonnen, die ungewohnte Süßigkeit aufzulecken, und waren dabei auch ein bißchen in die Brühe getreten. Auch Michelangelos Fußspuren zogen sich durch den Raum. Mitleidig wollte ich ihm helfen, rutschte aus und setzte mich genau dorthin, wo noch am meisten Sirup war. Die Katzen interessierten sich ebenfalls dafür und hatten durch meinen Plumps einige Spritzer abbekommen.

Um es in einem Satz zu beschreiben: der ganze Monte Valdo klebte.

Ich weiß nicht, wie lange wir putzten und fegten.

«Jetzt verstehe ich, weshalb das Zeug so teuer ist», sagte Michelangelo und nickte weise mit dem Haupte.

Drei Tage lang ging dann alles vorschriftsgemäß. Ich hatte von Sassariente neuen Zucker mitgebracht.

In der vierten Nacht erwachte ich ob einem Getöse, das aus Michelangelos Haus dröhnte. Es tönte genau, wie wenn Emailleteller auf den Boden fallen. Ich hörte Michelangelo fluchen. Diesmal auf italienisch.

Am Morgen zeigte er mir dann die Bescherung. Die Katzen hatten ungefähr sämtliche Marrons glacés (sie waren unterdessen schon ganz schön glacés geworden) angeknabbert. Diejenigen, die auf den Fußboden gefallen waren, hatten die Hunde gefressen.

Wer nicht glauben will, wie gern Katzen und Hunde Marrons glacés haben, der schenke seinem Liebling ein paar zu Weihnachten. Die Viecher können sie pfundweise fressen, es wird ihnen nicht einmal schlecht davon...

Wir aber gaben kopfhängend unsere diesbezüglichen Verdienstpläne wieder auf.

«Nächstes Jahr gehe ich eben doch nach Locarno als Marronimann», sagte Michelangelo stur.

«Vielleicht hätte das mehr eingebracht», entgegnete ich, «aber dann wäre mein Schlafzimmer nicht winterfest geworden. Du weißt doch, daß wir Geld mit Arbeiten verdienen müssen, die wir hier und möglichst abends machen können. Was sollen wir nun tun? Ich bin dagegen, die Hände in den Schoß zu legen und zu jammern. Das Geld für den Esel haben wir beisammen, ein Stück vom Generator auch, aber große Sprünge können wir noch lange nicht machen.»

Wieder einmal hatte eine kleine Ursache, die verunglückten Marrons glacés nämlich, eine (vielleicht) große Wirkung.

«Erinnerst du dich noch an die pornographische Geschichte?» fragte Michelangelo.

«Und ob – aber verschone mich definitiv und endgültig mit deiner Pornographie. Ich will nichts mehr davon wissen.»

«So laß mich doch ausreden. Ich wollte sagen: du kannst doch schreiben. Schreib doch ein Buch!»

«Ich? Ein Buch? Über was denn?»

«Du bist viel gescheiter als ich. Und wenn ich jetzt nochmals etwas von Pornographie sage, springst du wieder einmal an die Decke oder sagst Abrakadabra auf schweizerdeutsch.»

Ich schaute in die Flammen des Kamins. Michelangelos Kopf mit der Knollennase, dem struppigen Bart und den langen, gelockten Haaren hob sich davor ab wie ein schwarzer Scherenschnitt.

Auf dem Kaminsims saßen die Katzen, leckten ihre Pfötchen und fuhren damit hinters Ohr. Zu unsern Füßen lagen die Hunde. Grano hatte den Kopf zwischen die Vorderpfoten gelegt, Bona war zu einem runden Hundeknäuel zusammengerollt. Beide schliefen.

In eine wunderliche kleine Welt war ich da hineingeraten, lebte zusammen mit einem Vagabunden in der Wildnis, in meiner eigenen Wildnis, notabene. Ich hatte in einem Jahr mehr gelernt und erlebt als in den vierzig Jahren vorher zusammengenommen. Ich hatte gelernt, wie einfach man leben kann und wie lebenswert das Leben erst dann wird, auch wenn man gegen tausend Schwierigkeiten kämpfen muß (dreimal «Leben» hintereinander...).

Mein vertracktes inneres Stimmchen meldete sich wieder einmal: «Wie wäre es, wenn du über Michelangelo und die Tiere, über den Monte Valdo ein Buch schreiben würdest?»

«Hm?» Ich zögerte und dachte nach. Die Idee wäre gar nicht so dumm. Es gäbe so eine Art mitteleuropäische Daktarigeschichte. Anstelle des Löwen Clarence schielte zwar nur ein Hund. Aber Bona konnte mindestens so pfiffig dreinschauen wie Judy, die Schimpansin.

Susi Stäubli und Bimbo Seidenglanz mußten stellvertretend einspringen für alle Tiere vom Geparden über den Tiger bis zum Schakal und Elefanten.

Schlangen und Siebenschläfer waren die von Zeit zu Zeit benötigten Bösewichter.

Wenn ich daran dachte, daß während des ganzen Sommers nur zwei verirrte Wanderer bei uns vorbeigekommen waren, dann durfte ich füglich behaupten, im Busch zu leben. Daß dieser Dschungel nur ein paar Kilometer von menschenüberfüllten Ferienzentren entfernt war, tat nichts zur Sache.

Michelangelo und Onkel Arthur? Ja, die ließen sich nirgends einreihen. Aber etwas Besonderes mußte meine Geschichte ja haben, nicht wahr?

«Aber», sagte ich zum Stimmchen, «wir sind noch nicht am Ende. Wir haben noch kein Wasser, keinen Generator, keinen Esel. Ich kenne Michelangelos Lebensgeschichte immer noch nicht. Ja, wenn er jetzt zum Beispiel seine Gärtnerin gefunden hätte, könnte man das Buch mit der Beschreibung der Hochzeitsfeier beschließen.» (Hoffentlich würde sich Michelangelo dann nicht zu sehr betrinken...)

«Schreib jetzt!» befahl das Stimmchen. «Am Ende ist man erst, wenn man stirbt. Dein Buch soll schließlich kein Märchen mit Prinzenhochzeit sein. Wahre Geschichten hören selten beim Happy-End auf. Das Leben fließt schließlich immer weiter, und nie sind alle Rätsel gelöst.»

Weil das Stimmchen recht hatte, sagte ich so laut, daß Michelangelo und alle vier Tiere erschreckt zusammenfuhren: «Farèm!»

Wie Michelangelo Michelangelo wurde

Ich unterbreitete Michelangelo meine Idee.

«Wunderbar», sagte er begeistert. «Und ich male dazu einen Buchumschlag, auf dem man unsere Häuser sieht mit der Wäschehänge und dem Spaltklotz, auf dem das Susi sitzt. Und Bimbo, Grano und Bona müssen auch drauf sein. Siehst du, etwa so.»

Er holte Zeichenblock und Kohle hervor und skizzierte mir, wie er sich's vorstellte.

«Und wie soll ich in der Geschichte heißen? Ich möchte lieber nicht, daß mein richtiger Name drin stünde.»

Er schaute von seiner Zeichnung auf, und ich wußte seinen Namen. Es gab ausschließlich den und keinen andern:

«Michelangelo.»

Ich sagte es ihm. Er war entzückt, aber so eitel, daß er fragend beifügte: «Auch Buonarroti?»

«No, Michelangelo e basta.»

«Ich bin auch so zufrieden.»

«Ungebildet ist er weiß Gott nicht, auch wenn seine Geographiekenntnisse nur bis Indemini reichen», registrierte ich.

Noch am selben Abend begannen wir unser Werk, ich an der Schreibmaschine, er mit dem Zeichenblock. Wir arbeiteten beide, still vertieft in unsere Pläne. Michelangelo konzentrierte sich so, daß er die Zungenspitze herausstreckte und sie beinahe abbiß.

Dann zeigte er mir seinen Entwurf. Er war herzig.

«Bravo, bravo», rühmte ich ihn.

«Du, ich muß dich etwas fragen», hakte er sofort ein. «Ich hätte mich nie getraut, wenn dir das Titelblatt nicht gefallen hätte. Könntest du mir darauf nicht einen Vorschuß geben? Nur einen kleinen. So etwa vierzig Franken?»

«Du bist der gräßlichste Mensch, den der liebe Gott auf der Erde herumlaufen läßt! Ich weiß doch noch gar nicht, ob ich für das Manuskript je einen Verleger finde. Und überhaupt – für was brauchst du denn auf einmal Geld? Falls du mir ein Weihnachtsgeschenk machen möchtest, ich hätte viel lieber eine Zeichnung von dir.»

Er nestelte in seiner Tasche und zog eine gedruckte, an ihn adressierte Einladung hervor. Der Brief hatte bei meiner letzten Einkaufsfahrt auf der Post gelegen.

Michelangelo wurde herzlich gebeten, an der «Cena del secolo» teilzunehmen.

Das Nachtmahl des Jahrhunderts

«Was ist denn das für ein Essen? Und wenn es nur alle hundert Jahre einmal stattfindet, wieso kommen die dazu, ausgerechnet dich einzuladen?»

Michelangelo erklärte es mir. Und ich bekam die Tessiner daraufhin noch ein bißchen lieber.

Es ist Brauch, daß ein paar Reiche Locarnos «alle, die gern essen und trinken» jährlich einmal zu einem Mahl einladen. (Das war Michelangelos Version. Ich glaube aber eher, sie tun es für die, die nicht immer genug zum Essen und zum Trinken haben.)

Man bekommt ein Geschenk und kann von allem haben, soviel man will.

Wenn ich an die Portionen dachte, die Michelangelo da vertilgen würde, taten mir die Reichen von Locarno leid.

«Du solltest die Gestalten sehen, die da kommen», schwärmte er. «Nur schade, daß jedes Jahr ein paar von ihnen fehlen. Ich weiß gar nicht, wo die dann hinkommen.»

«Wahrscheinlich in die Trinkerheilanstalt», sagte ich trocken. Michelangelo wollte das nicht wahrhaben.

«Aber wenn doch alles gratis ist, wieso brauchst du denn vierzig Franken?»

«Stellst du dir vor, ich gehe so?» Er zupfte an seinem Bart und zerwühlte sich sein ohnehin zerzaustes Haar.

«Ich muß ins Bagno pubblico gehen und dann zum Barbiere. Der muß mich in Schuß bringen und schönmachen und parfümieren.»

Sicher, er sagte «profumare».

«Michelangelo, hast du wirklich vor, an die Cena del secolo zu gehen, oder erwartet dich irgendwo ein Schätzchen?»

Er grinste nur übers ganze Gesicht.

Ich klaubte zwei Zwanzigernoten aus dem Geldtäschchen und gab sie ihm. Mochten sie ihm und mir Glück bringen.

Am Samstagnachmittag trottete er davon. Er wollte nicht, daß ich ihn ins Tal brachte, und auch nicht, daß ich ihn morgen früh irgendwo abhole.

«Ich komme per Autostopp mindestens bis Sassariente, den Rest mache ich mit dem Bus. Ciao, in gamba», sagte er und tippte mit dem Zeigefinger von der Schläfe schräg aufwärts gegen den Himmel ein fröhliches Zeichen. Dann verschwand er im Wald. Ich hörte noch ein Weilchen seine Schritte im raschelnden Laub.

In der Nacht kam der große Schnee. Ein fürchterlicher Sturm tobte. Er blies durch den Kamin. Die Asche flog mir ins Gesicht. Die Hunde legten sich als Teppich zu meinen Füßen. Susi lehnte gegen meinen Rücken, und Bimbo hatte es sich auf meinem Schoß bequem gemacht. So schrieb ich Seite um Seite, lachte über die Notfallapotheke, dachte mit Sehnsucht an Onkel Arthur. (War die Herzogin von Stoneville wohl noch immer nicht gestorben?) Mein Fuß begann zu schmerzen, als ich von der Freiluftküche schrieb.

Als ich so weit war mit meinem skizzenhaften Entwurf, dämmerte es. Es schien heller zu sein als sonst. Kunststück: der Monte Valdo war eingehüllt in eine gut halbmeterdicke Decke von feinstem, weichstem Schnee.

«Fein», dachte ich als erstes, «eine Zeitlang müssen wir kein Wasser mehr tragen. Schneewasser, gekocht und filtriert, tut es auch.»

So leid es mir ist, aber in Sachen Trinkwasser habe ich eine richtige Déformation professionnelle bekommen.

Zur Feier des Tages brühte ich nun Kaffee aus Schnee. Michelangelo würde sich freuen.

Michelangelo!

Mein Gott, bei diesem hohen Schnee konnte er gar nicht mehr zu mir gelangen. Die Straße wurde ja nicht gepflügt, und so blieb ein nicht schneegewohnter Mensch unfehlbar stecken. Und er hatte nur vierzig Franken bei sich, die sicher längst ausgegeben waren.

Es war mir bang. Ich dachte nicht mehr daran, daß ich die ganze Nacht durchgearbeitet hatte. Ich grübelte nur, was wohl mit Michelangelo geschehen war. Um mich zu trösten, trank ich aus seiner «bella scorta»-und-Ferien-Korbflasche eine ordentliche Portion Barbera. Nachher füllte ich meine drei Wärmflaschen, ging ins Bett und schlief, bis es wieder Nacht wurde. Dann weckten mich die Tiere. Sie hatten Hunger.

Es schneite jetzt nicht mehr. Die Schneedecke war aber noch höher geworden. Mir blieb gar nichts anderes übrig, als zu warten. Zu warten, bis entweder der Schnee wegging oder Michelangelo auftauchte.

Und anstelle eines Generators mußte zuerst ein Telefon her! Ich tat wieder einmal einen meiner Schwüre.

Nach sechs Tagen, an denen es nicht kalt genug war, daß der Schnee gefror, und nicht warm genug, daß er schmolz, kam die Sonne wieder. Es wurde eisig kalt. Mein Weg wurde begehbar, wenn auch das Auto noch tief im Schnee steckte. Ich ging zu Fuß nach Sassariente, fuhr mit dem Bus nach Locarno und fragte jeden, der aussah, als bekäme er nicht immer genug zu essen und zu trinken, nach Michelangelo. Feststand jedenfalls, daß er am Nachtmahl des Jahrhunderts teilgenommen hatte – «und wie!» sagte schmunzelnd ein zahnloser Alter. Also würde ich ihn nicht durch die Polizei suchen lassen. Michelangelo sollte nicht wegen Vagabundierens festgenommen werden.

Ich kaufte Knochen und Fleisch für die Tiere und holte die Post ab. Wie zum Hohn sandte mir die Gemeinde Sassariente ausgerechnet heute die Baubewilligung.

Ich war rechtschaffen müde, als ich wieder auf meinem Berg anlangte. Welch eine Weltreise war das doch. Und welch ein Unterschied zwischen der im Vorweihnachtszauber glitzernden Stadt und der Einsamkeit des Monte Valdo.

Es wurde Heiliger Abend. Ich schenkte jedem Hund einen Extraknochen und den Katzen eine Sonderportion Milch. Dann öffnete ich die vielen Briefe und Päckchen meiner Freunde. Die Kerzen brannten seit Mitte Oktober ohnehin jeden Abend; heute hatten sie einen besonders weichen Schimmer. Oder bildete ich mir das bloß ein?

Mein Christbaum war die Eiche, das Weihnachtslicht spendeten von oben die Sterne, von unten die Lichter der Dörfer am Seeufer. Wäre nicht die Sorge um Michelangelo gewesen, niemand hätte ein schöneres Weihnachtsfest gehabt als ich.

In der Silvesternacht hörte ich die Glocken der Dörfer im Tal. Wie schön wäre es gewesen, Michelangelo hier zu haben. Wo war er?

Ich weiß auch heute noch nicht, wohin Michelangelo verschwunden ist. Vielleicht schläft er wieder im Wartsaal von Locarno oder in einer Telefonkabine. Wenn mich nicht alles trügt, wird er eines Tages wieder aufkreuzen. So wie Susi Stäubli letzten Februar heimkehrte, als wäre nichts geschehen.

Dann werde ich nicht schelten und nicht fluchen, nur ein fröhliches Zeichen mit dem Zeigefinger von der Schläfe gegen den Himmel machen und sagen: «Ciao.»

Falls er die Gärtnerin mitbringt, werde ich sie mit offenen Armen empfangen. Dank Michelangelo schlummert der Monte Valdo nur noch, er schläft nicht mehr. Wer weiß, dank einer Gärtnerin erwacht er vielleicht ganz.

Nie sind alle Rätsel gelöst.

Auf alle Fälle werde ich diese Geschichte Michelangelo widmen.

Monte Valdo, Mitte Januar 1973

PS: Er ist seit heute morgen wieder da!